高等院校"十三五"应用型艺术设计教育系列规划教材

建筑与室内设计制图

主 编 陈 露 陈启祥

合肥工業大學出版社

图书在版编目(CIP)数据

建筑与室内设计制图/陈露等主编．—合肥：合肥工业大学出版社，2019.3
ISBN 978-7-5650-4462-5

Ⅰ.①建… Ⅱ.①陈… Ⅲ.①建筑制图②室内装饰设计—建筑制图 Ⅳ.①TU204②TU238.2

中国版本图书馆 CIP 数据核字(2019)第 054629 号

建筑与室内设计制图

陈 露 陈启祥 主编　　　　责任编辑 王 磊

出 版	合肥工业大学出版社	版 次	2019 年 3 月第 1 版
地 址	合肥市屯溪路 193 号	印 次	2019 年 10 月第 1 次印刷
邮 编	230009	开 本	889 毫米×1194 毫米 1/16
电 话	艺术编辑部：0551-62903120	印 张	6
	市场营销部：0551-62903198	字 数	205 千字
网 址	www.hfutpress.com.cn	印 刷	安徽昶颉包装印务有限责任公司
E-mail	hfutpress@163.com	发 行	全国新华书店

ISBN 978-7-5650-4462-5　　　　定价：45.00 元

如果有影响阅读的印装质量问题，请与出版社市场营销部联系调换。

前言

《建筑与室内设计制图》是建筑设计专业与建筑装饰工程技术专业、环境艺术设计专业学生的一门专业课教材，本书是按照高等院校建筑设计专业与建筑装饰工程技术专业、环境艺术设计专业的教学基本要求编写的。全书共分八个模块：

模块一　室内设计基础知识。三个理论教学任务：室内设计的内容，室内设计的分类，室内设计程序。

模块二　室内设计制图概论。两个理论教学任务：设计制图的目的和意义，制图工具的使用；两个实践项目：用工具绘制线条，比例尺练习。

模块三　投影基础理论知识。两个理论教学任务：投影的基本知识，实物的投影图绘制；三个实践项目：点的投影练习，线的投影习题，绘制几何形体的三面投影。

模块四　制图基础知识。两个理论教学任务：制图基础知识，图例符号。

模块五　建筑制图基础。六个理论教学任务：建筑制图基础，建筑总平面图识图制图，建筑平面图识图制图，建筑立面图识图制图，建筑剖面图识图制图，建筑楼梯详图识图制图；一个实践项目：全套建筑施工图抄绘。

模块六　室内制图基础。四个理论教学任务：室内平面布置图识图制图，室内立面图识图制图，室内顶棚平面图识图制图，室内节点详图识图制图；两个实践项目：测量教室并绘制室内平面图、立面图、顶棚平面图，抄绘一套室内设计工程实例设计图。

模块七　一点透视和两点透视。两个理论教学任务：一点透视原理，两点透视原理；两个实践项目：绘制室内一点透视图，绘制室内两点透视图。

模块八　实训。一个实训任务：抄绘和识读建筑施工图。

本书内容新颖，重点突出，理实结合，详略得当，深入浅出，通俗易懂。该书可作为高等院校建筑设计专业与建筑装饰工程技术专业、环境艺术设计专业教学用书，也可供社会上对建筑设计感兴趣或从事建筑设计工作的读者作为参考资料。

本书在编写过程中难免存在疏漏或不妥之处，欢迎读者随时提出批评。在引用图片过程中由于不能一一联系到作者，还请见谅，在此真诚表示感谢。

编　者

2019. 7

目录

1 模块一　室内设计基础知识

● **理论教学**

任务一　室内设计的内容

室内设计，是一门实用艺术，也是一门综合性科学，同时也被称为室内环境设计。

室内设计的内容大致分为以下四个部分：

1. 室内空间形象设计

主要是指对建筑内部空间进行二次处理，并以现有空间尺度为基础重新进行设计。在不违反基本原则和人体工学原则之下，重新阐释尺度和比例关系，并更好地解决改造后空间的统一、对比和面线体的衔接问题。

2. 室内装饰装修设计

主要是指在建筑室内进行规划和设计的过程中，将要针对室内的空间规划，组织并创造出合理的室内使用功能空间，就需要根据人们对建筑使用功能的要求，进行室内平面功能的分析和有效的布置，对地面、墙面、顶棚等各界面线形和装饰设计，进行实体与半实体的建筑结构的设计处理。

室内空间形象设计和室内装饰装修设计，主要围绕着建筑构造进行设计，是为了满足人们在使用空间中的基本实质环境的需求。

3. 室内物理环境设计

主要是指在室内空间中，要充分考虑室内良好的采光、通风、照明和音质效果等方面的设计处理，并充分协调室内环控、水电等设备的安装，使其布局合理。

4. 室内陈设艺术设计

主要是指在室内空间中，在家具、灯具、陈设艺术品以及绿化等方面进行规划和处理，其目的是使人们在室内环境下工作、生活、休息时感到心情愉快、舒畅，能够满足并适应人们心理和生理上的各种需求，起到柔化室内人工环境的作用。

室内设计类型包含众多，专业内容涵盖面广，如何通过设计协调处理好，要求室内设计师必须具有较高的艺术修养并掌握现代科技、材料、工艺知识以及具有解决实际问题的能力。室内设计所需要考虑的方面，也将随着社会科技的发展和人们生活质量以及心理需求的提高而不断更新发展。

任务二　室内设计的分类

室内设计的分类可以从不同角度进行界定、划分，一般分为居住建筑室内设计、公共建筑室内设计、工业建筑室内设计和农业建筑室内设计四大类。但根据其使用范围来分类，概括起来可以分为两大类：人居环境设计和公共空间设计。其中公共空间设计包括限制性空间设计和开放性空间设计（图 1－1）。

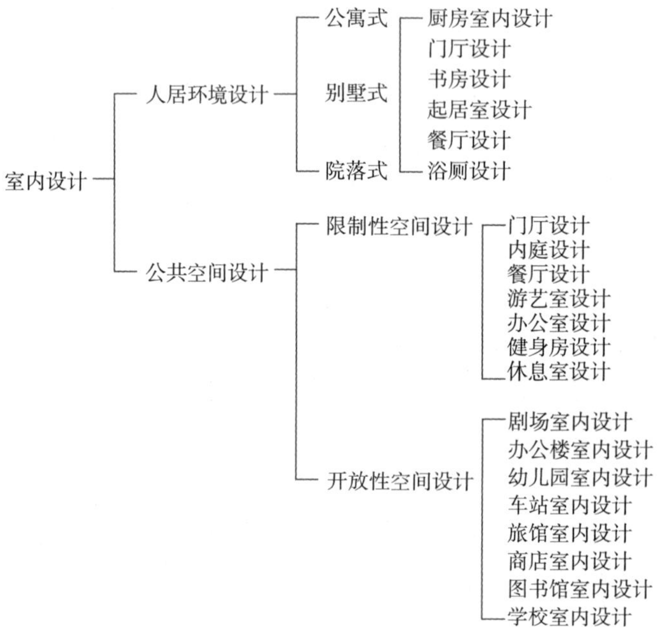

图 1－1　室内设计的分类

任务三　室内设计程序

设计是为了去创造一种更好的生活方式和空间艺术，在不断地设计与实施过程中，室内设计逐步将思维中的想象空间构筑在人们的现实生活当中。伴随着想象与现实的延伸过程，室内设计的进程大体上可分为五个阶段，即设计准备阶段、方案设计阶段、设计深入阶段、设计施工阶段和设计评价阶段（图 1－2）。

1. 设计准备阶段

设计准备阶段可从以下两个环节进行：

第一，明确设计任务，掌握所要解决的问题和目标。

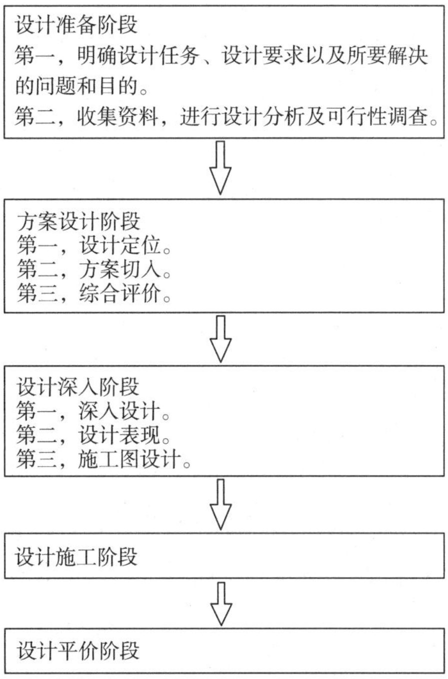

图 1－2　室内设计程序

可从设计创造出的室内空间使用性质、功能特点、设计规模、总造价、等级标准、设计期限以及所创造出的室内空间环境的文化氛围和艺术风格等方面进行综合考虑。

第二，收集资料，进行设计分析和可行性调研。

收集与设计任务有关的资料与信息，用以研究使用者的功能需求、精神需求、心理需求等；同时，还要研究委托任务书、相关条件、资料以及法律法规等，对设计现场进行调研，并进行可行性评估。

2. 方案设计阶段

方案设计阶段主要包括以下三个方面：

第一，设计定位。

设计定位可从设计的目标定位、技术定位、人机界面定位、预算定位等方面入手。

第二，方案切入。

按照相关的资料、设计定位的内涵，进行有目的的规划、构思，发挥人的主观创造力，从空间、功能、心理等方面入手展开构想，开发出几套创意新颖的设计构思方案。

第三，综合评价。

评价，是在设计过程中，对解决设计问题的方案从功能、心理、材料、技术、成本等方面进行综合分析比较、评定，由此确定并筛选出最佳的设计方案。

3. 设计深入阶段

设计深入阶段主要可从以下三个环节入手：

第一，深入设计。

针对筛选出的设计草图，在原有的评价基础上，从总体设想到各单元的尺寸设定，从虚拟空间到建筑构架展开设计，并落实于设计文件诸如平面图、室内空间展开图、仰视图、室内透视图、室内装饰材料翔实版面、设计意图说明和造价预算等。

第二，设计表现。

在设计过程中，语言、形体、图表、模型等都是基本的设计表现形式，而醒目直白的效果图，则更能给人一种真实的印象，与其他表现形式相辅相成、相得益彰。

第三，施工图设计。

在进入此环节之前，设计方案仍需进行设计的综合评价，经审定并且方案被采纳后，方可进行施工图设计。

在即将进入设计施工之前，需要补充施工所需的有关平面布置、室内立面和顶棚等详细图纸，设计节点详图、细部大样图及设备管线图等，还应包括编制施工说明和造价预算。

4. 设计施工阶段

这是实施室内设计的重要环节。为了使设计的意图更好地贯彻实施于设计的全过程之中，应注意以下事项：

(1) 施工之前，设计人员应及时向施工单位介绍设计意图，解释设计说明及图纸的技术交流；

(2) 实际施工阶段，要按照设计图纸进行核对，并根据现场实际情况进行设计的局部修改和补充（由设计部门出具修改通知书）；

(3) 施工结束，协同质检部门进行工程验收。

5. 设计评价阶段

设计评价贯穿于设计过程始终。即使在容易忽略的设计完成之后，设计评价依然有其信息反馈、综评分析的重要价值。在设计过程中总是伴随着大量的评价和决策，只是在许多情况下我们是不自觉地进行评价和决策而已。

科学技术的发展和设计对象的复杂化，对设计提出了更高的要求，单凭经验、直觉的评价已不适应要求，只有进行技术、美学、经济、人性等方面的综合评价，才能达到预期的目的。

作为室内设计人员，必须把握设计的基本程序，注重设计评价的筛选与决策作用，抓好设计各阶段环节，充分重视设计、材料、设备、施工等因素，运用现有的物质条件因素的潜能，将设计的精神与内涵有机地转化为现实，以期取得理想的设计效果，创造更好的新生活空间。

2 模块二 室内设计制图概论

● **理论教学**

任务一 设计制图的目的和意义

制图标准是全体工程技术人员画图和看图的统一准则。

为什么要制定和采用制图标准?

目的：使图样标准化、规范化，做到全体工程技术人员对图样有完全一致的理解。

建筑装饰识图与制图所讲的图是工程图，用于工程的设计、施工、管理，在整个工程建设过程中都起作用。工程图是表达和传递技术信息一种重要的方法，是跨国界的通用技术语言。我们将来的工作就是跟图纸打交道，必须得学会识图。

任务二 制图工具的使用

1. 绘图板、丁字尺

绘图板通常用胶合板制成，四周镶以硬木边条，如图 2－1 所示。

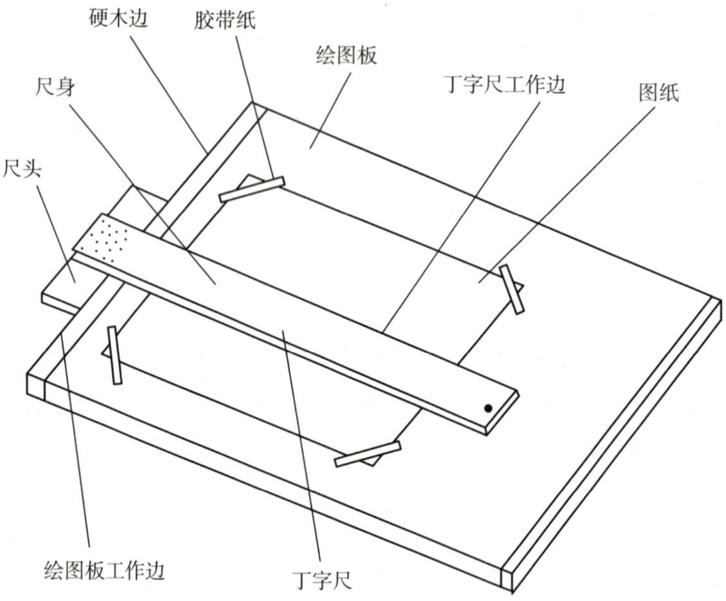

图 2-1　绘图板

丁字尺是用来与图板配合画横线的长尺，也是画水平线不可缺少的工具，如图 2-2 所示。

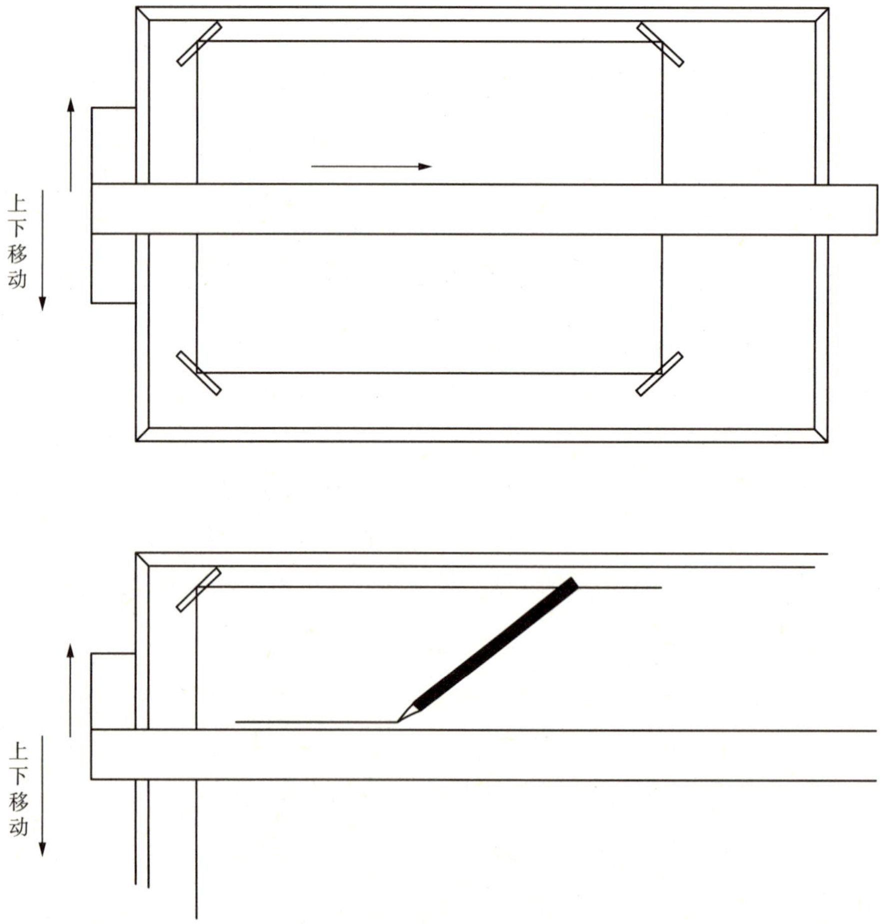

图 2-2　丁字尺

2. 三角板

一副三角板是两块分别具有 30°、45°、60°的直角三角形透明板。三角板与丁字尺配合可以画出 15°、30°、45°、60°、75°的斜线以及相互垂直和平行的线，如图 2－3 所示。

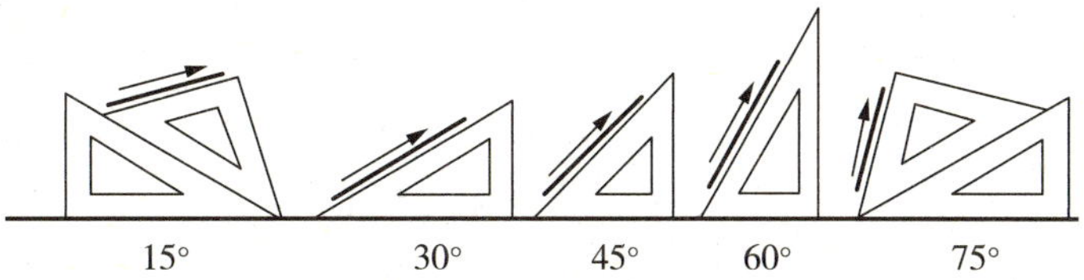

（a）画各种角度斜线

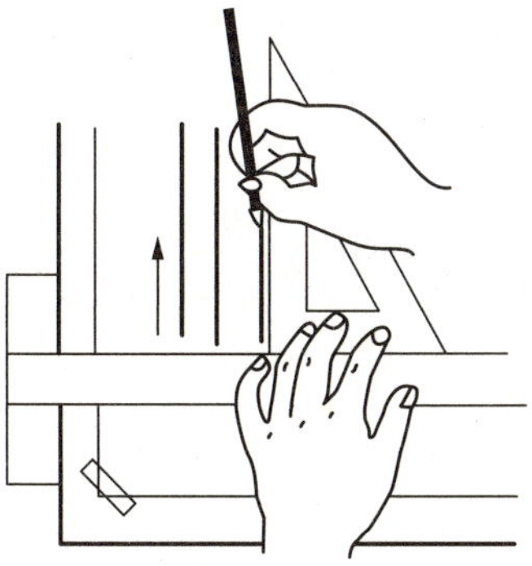

（b）用三角板配合丁字尺画铅垂线

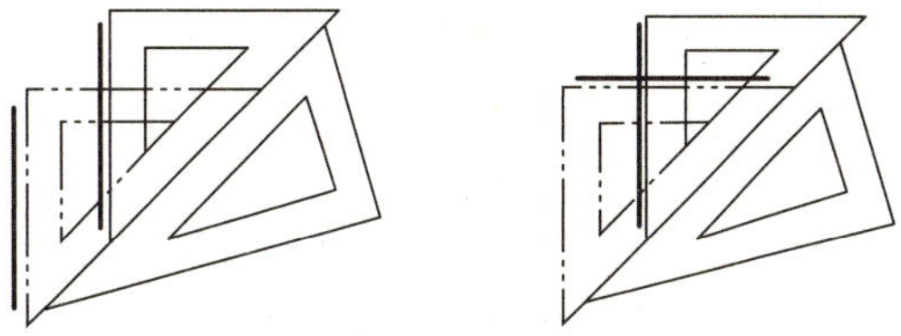

（c）画任意直线的平行线和垂直线

图 2－3　三角板

3. 圆规和分规

圆规是用来画圆及圆弧的工具，如图 2－4 所示。

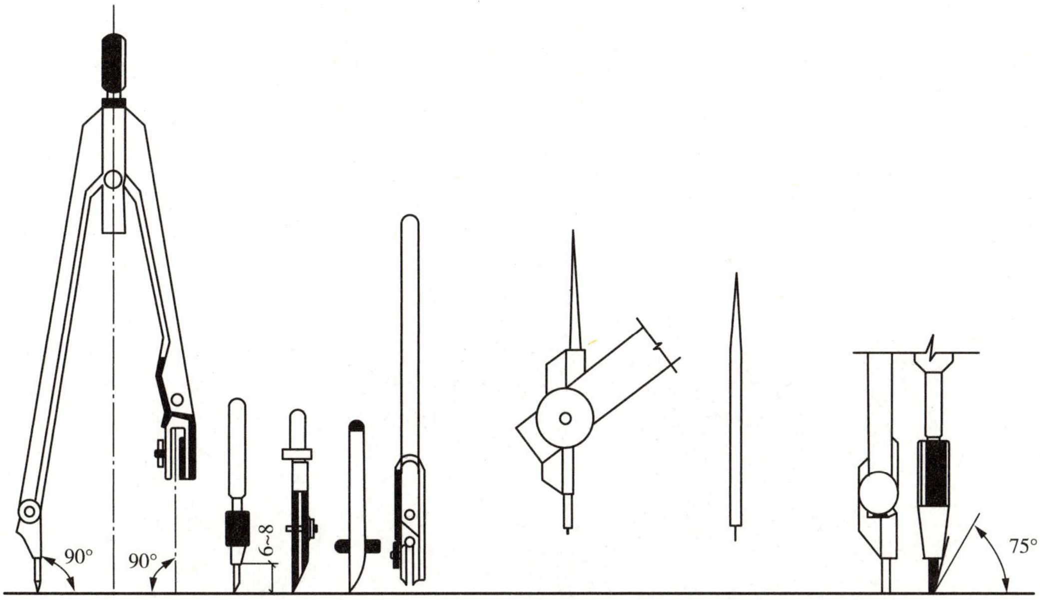

图 2－4　圆规及其插脚、钢针

分规的形状与圆规相似，只是两腿均装有尖锥形钢针，既可用它量取线段的长度，也可用它等分直线段，如图 2－5 所示。

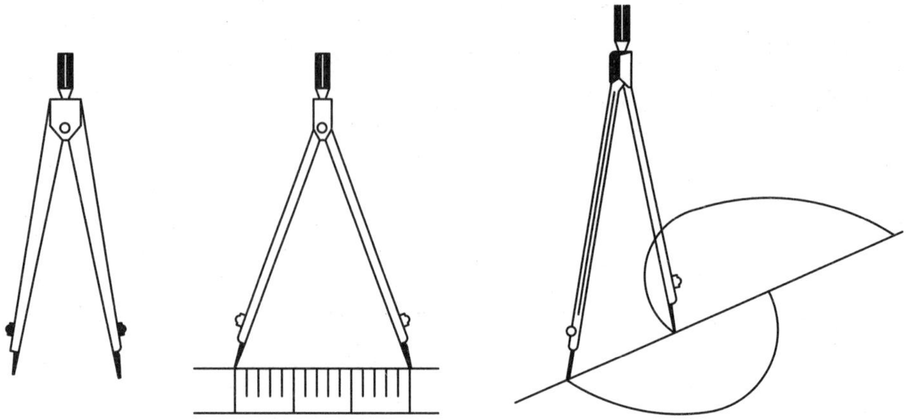

（a）分规　（b）量取长度　（c）等分线段

图 2－5　分规

4．比例尺

比例尺是用于放大（读图时）或缩小（绘图时）实际尺寸的一种尺子，如图 2－6 所示。

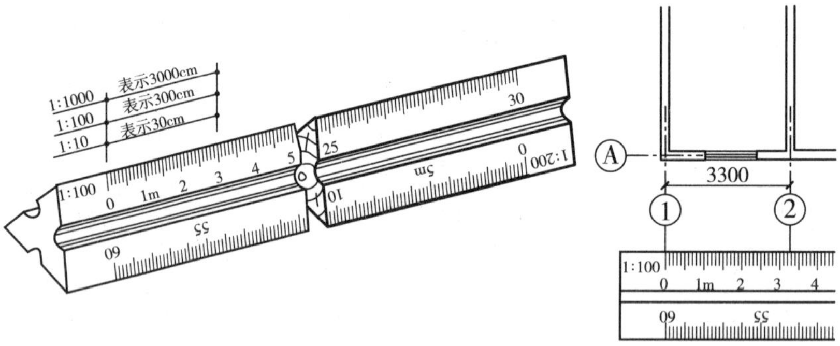

（a）三棱尺　（b）比例直尺

图 2－6　比例尺

5．曲线板和建筑模板

曲线板是用来绘制非圆曲线的工具，如图 2－7 所示。

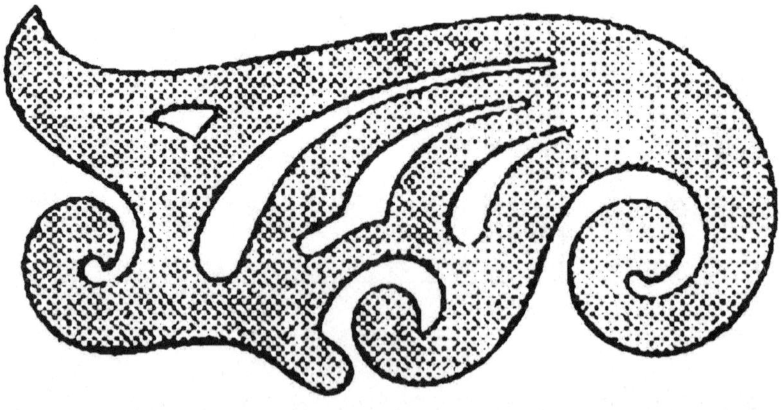

图 2－7　曲线板

建筑模板：主要用来画各种建筑标准图例和常用符号，如柱、墙、门开启线、大便器、污水盆、详图索引符号、标高符号等，如图 2－8 所示。

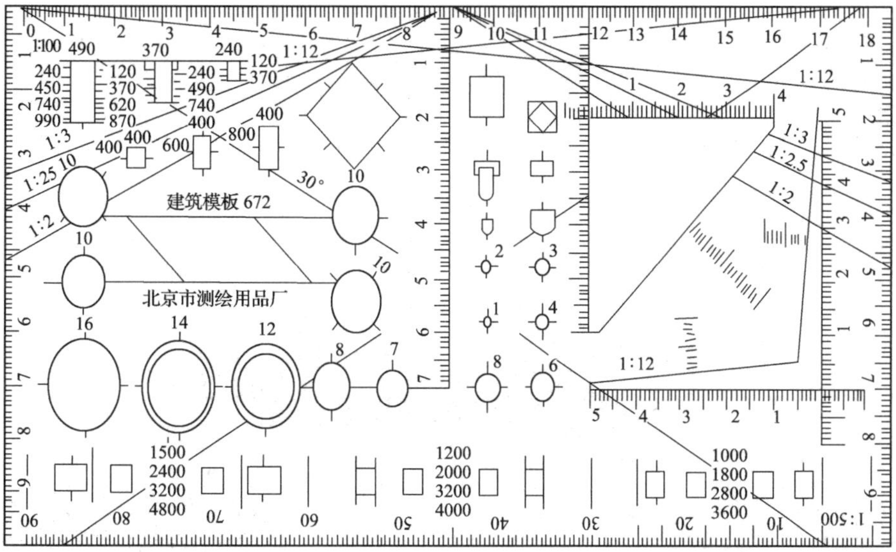

图 2－8　建筑模板

6. 铅笔和绘图笔

一般铅笔刻有表示软硬的代号，“H”表示硬铅笔，“B”表示软铅笔，“HB”表示软硬适中，“B”“H”前的数字越大分别表示铅笔越软和越硬，如图 2－9 所示。

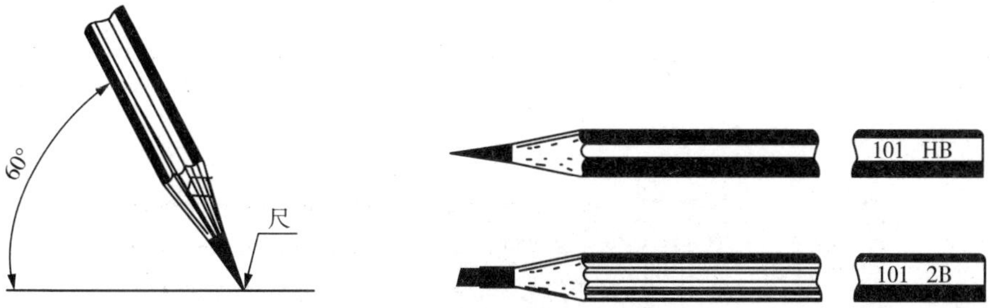

图 2－9　铅笔

常用的绘图笔主要有墨线笔、绘图墨水笔等两种，如图 2－10、图 2－11 所示。

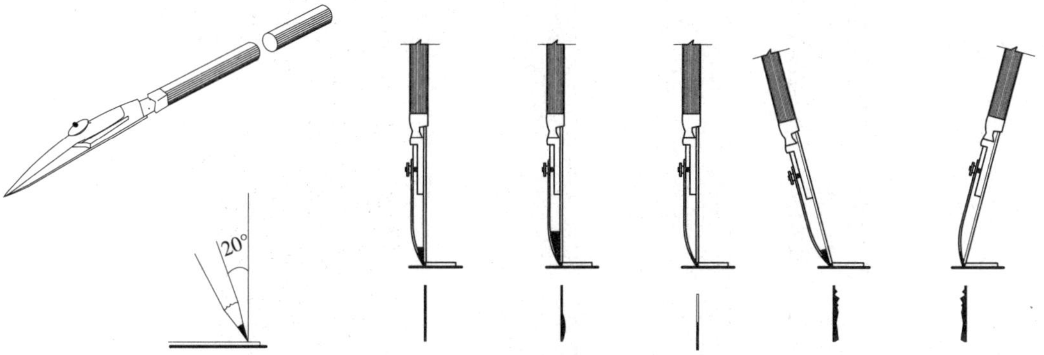

（a）墨线笔及其用法　（b）正确　（c）墨太多　（d）墨太少　（e）笔外斜　（f）笔内斜

图 2－10　墨线笔

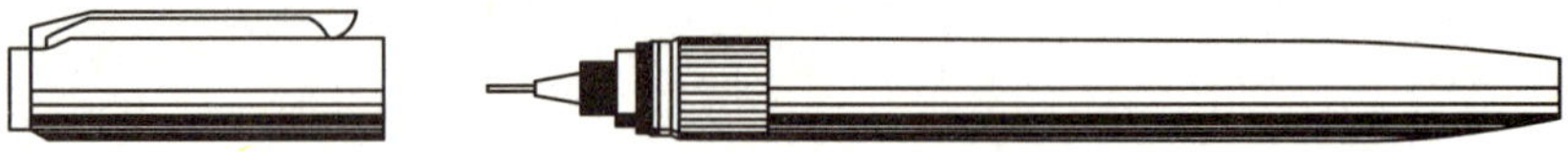

图 2－11　绘图墨水笔

★ 实践项目

作业一　用工具绘制线条

用工具绘制线条，如图 2－12、图 2－13 所示。

图 2－12　建筑立面图

图 2－13　多立克柱式、爱奥尼柱式、科林斯柱式

作业二　比例尺练习

画一画：(1) 将下面的梯形按 3∶1 放大；(2) 将下面的三角形按 1∶2 缩小。(图 2－14)

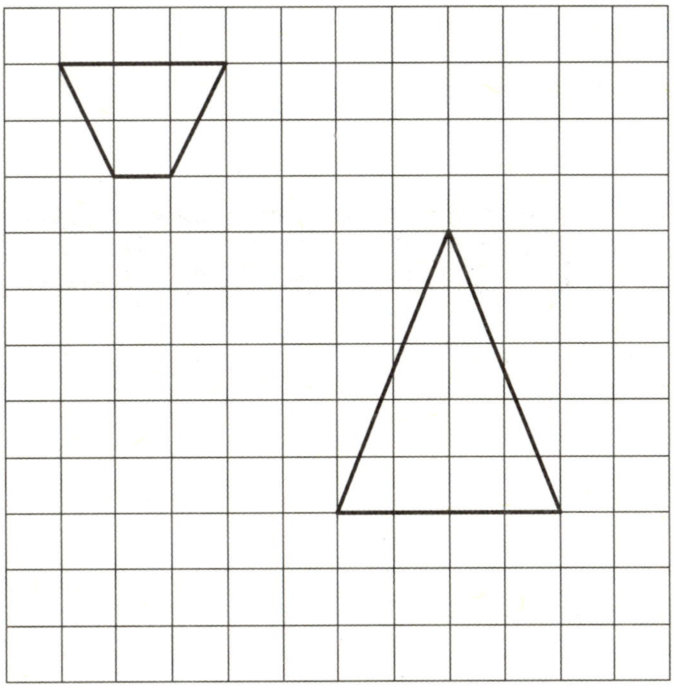

图 2－14　比例练习

3 模块三　投影基础理论知识

● **理论教学**

任务一　投影的基本知识

1. 投影的形成

假定光线可以穿透物体（物体的面是透明的，而物体的轮廓线是不透的），并规定在影子当中，光线直接照射到的轮廓线画成实线，光线间接照射到的轮廓线画成虚线，则经过抽象后的“影子”称为投影。

形成投影的三要素：投影线、形体、投影面。

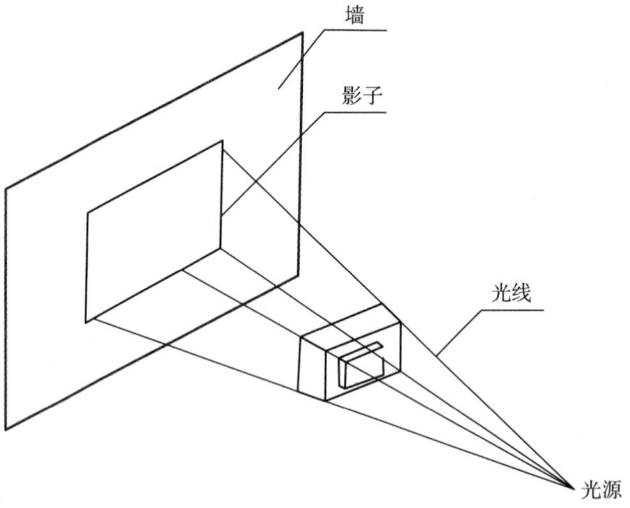

图 3－1　投影的形成（1）

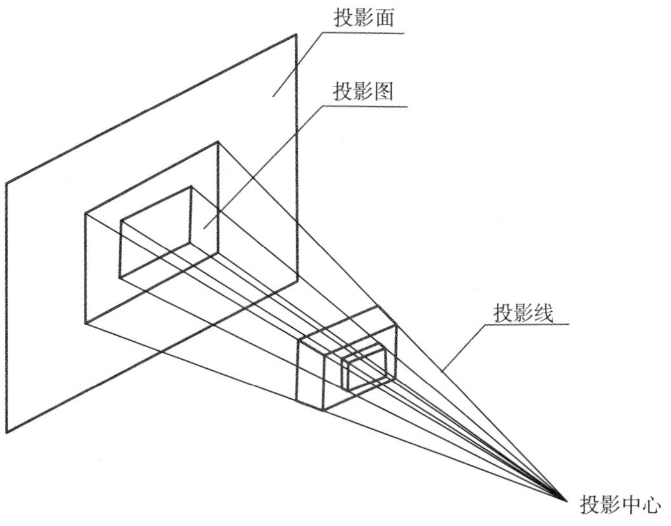

图 3－2　投影的形成（2）

2. 投影的分类

投影的分类情况，如图 3－3 所示。

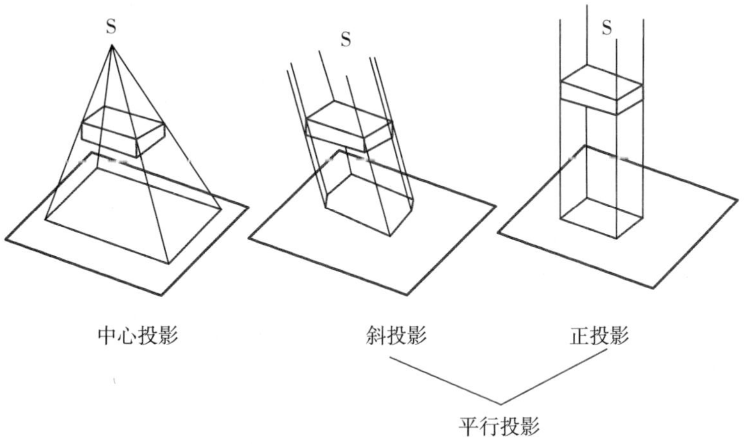

投影
- 中心投影
- 平行投影
  - 正投影：投影线垂直于投影面
  - 斜投影：投影线倾斜于投影面

图 3－3　投影的分类

3. 土建工程中常用的几种投影图

土建工程中常用的投影图是：正投影图、轴测图、透视图、标高投影图。

正投影图特点：能反映形体的真实形状和大小，度量性好，作图简便，为工程制图中经常采用的一种投影图。(图 3－4)

轴测图特点：具有一定的立体感和直观性，常作为工程上的辅助性图。(图 3－5)

透视图特点：图形逼真，具有良好的立体感，常作为设计方案和展览用的直观图。(图 3－6)

标高投影图特点：是在一个水平投影面上标有高度数字的正投影图，常用来绘制地形图和道路、水利工程等方面的平面布置图样。(图 3－7)

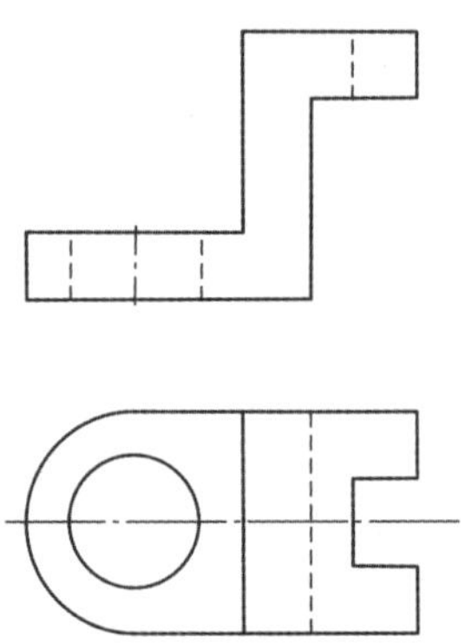

图 3-4　正投影图

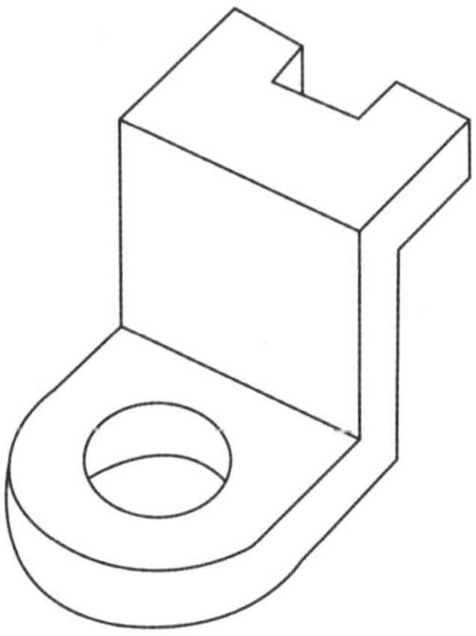

图 3-5　轴测图

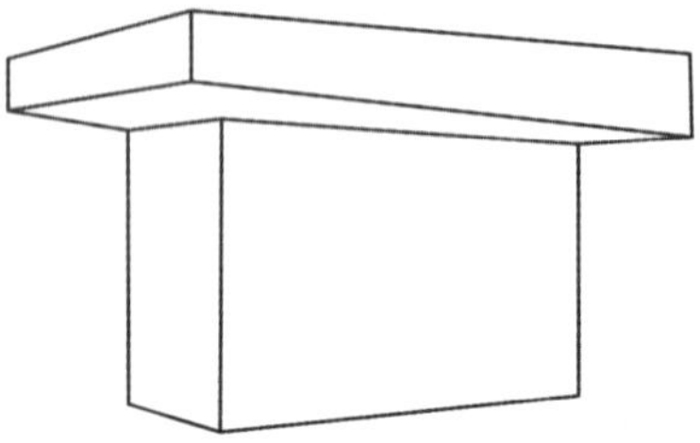

图 3-6　透视图

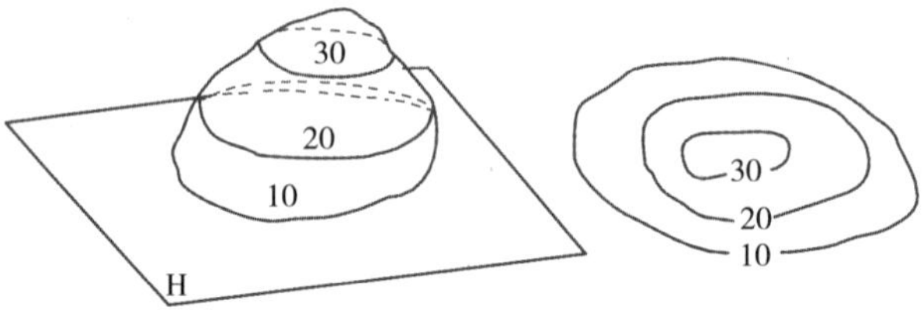

图 3-7　标高投影图

4. 正投影的基本性质

① 点的正投影基本性质

点的正投影仍然是点，如图 3-8 所示。

② 直线的正投影基本性质（图 3-9）

★ 直线垂直于投影面，其投影积聚为一点。

★ 直线平行于投影面，其投影是一直线，反映实长。

★ 直线倾斜于投影面，其投影仍是一直线，但长度缩短。

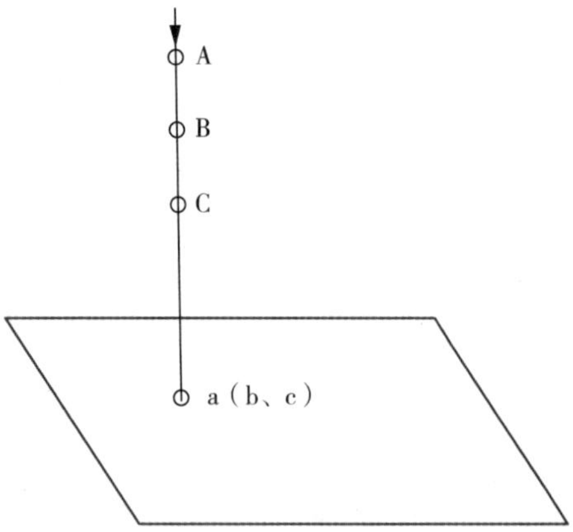

图 3-8　点的正投影

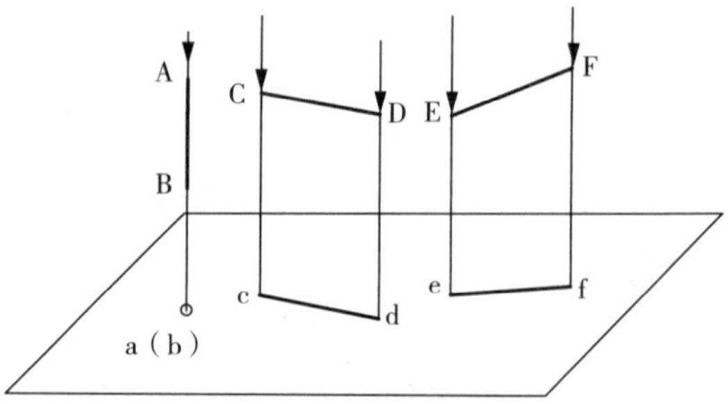

图 3-9　直线的正投影

③ 平面的正投影基本性质（图 3－10）

★ 平面垂直于投影面，投影积聚为直线。

★ 平面平行于投影面，投影反映平面的实形。

★ 平面倾斜于投影面，投影变形，图形面积缩小。

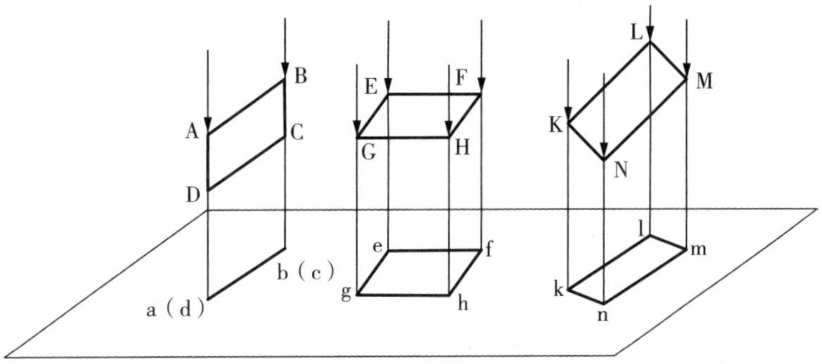

图 3－10　平面的正投影

任务二　实物的投影图绘制

形体的三面正投影

1. 三面投影图的形成

如图 3－11 所示为空间中三个不同形状的形体，它们在同一投影面上的投影却是相同的。可以看出：虽然一个投影面能够准确地表现出形体的一个侧面的形状，但不能表现出形体的全部形状。

那么，需要几个投影才能确定空间形体的形状呢?

一般来说，用三个相互垂直的平面做投影面，用形体在这三个投影面上的三个投影，才能充分地表示出这个形体的空间形状。

三个相互垂直的投影面，称为三面投影体系。

形体在这三面投影体系中的投影，称为三面正投影图，如图 3－12 所示。

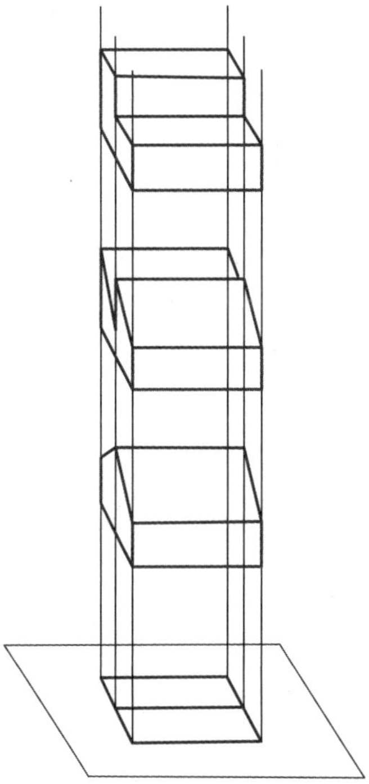

图 3－11　三个不同形状的形体的投影

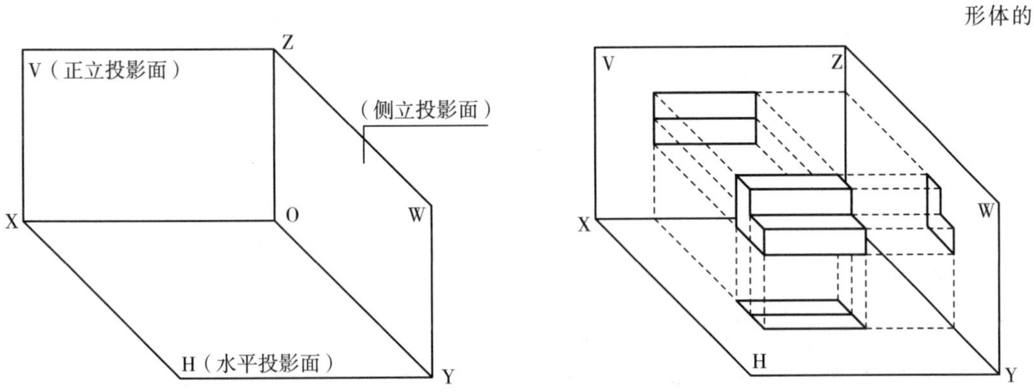

图 3－12　三面正投影图

2. 三个投影面的展开

三个投影面展开以后，三条投影轴成了两条相交的直线；原 X、Z 轴位置不变，原 Y 轴则分成 Y_H，Y_W 两条轴线。(图 3－13)

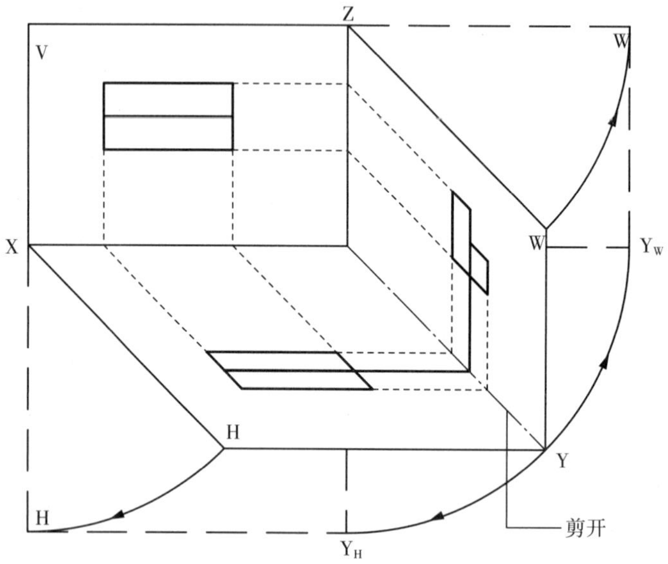

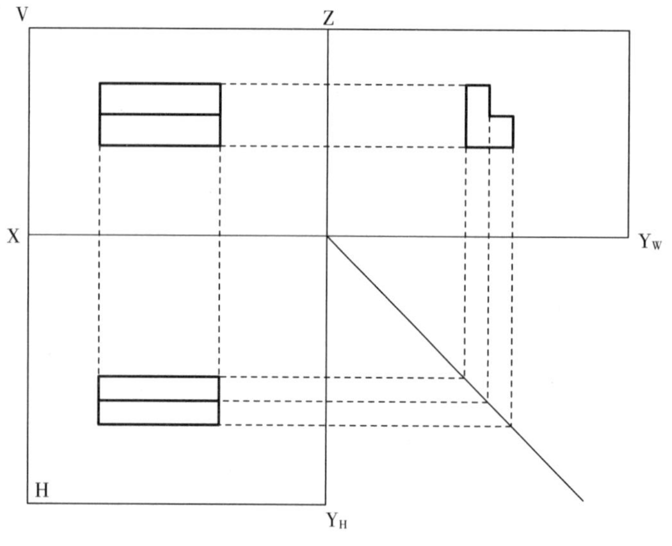

图 3－13　三个投影面的展开

3. 三面正投影图的分析

(1) 三面正投影图之间的规律

长对正，高平齐，宽相等。(图 3－14)

(2) 形体三面正投影图的作图方法（组合体）

① 叠加型：由若干个基本形体叠加而成的组合形体。(图 3－15)

② 截割型：由一个基本形体被一些不同位置的截面切割后而成的组合形体。(图 3－16)

③ 综合型：由基本形体叠加和被截割而成的组合形体。(图 3－17)

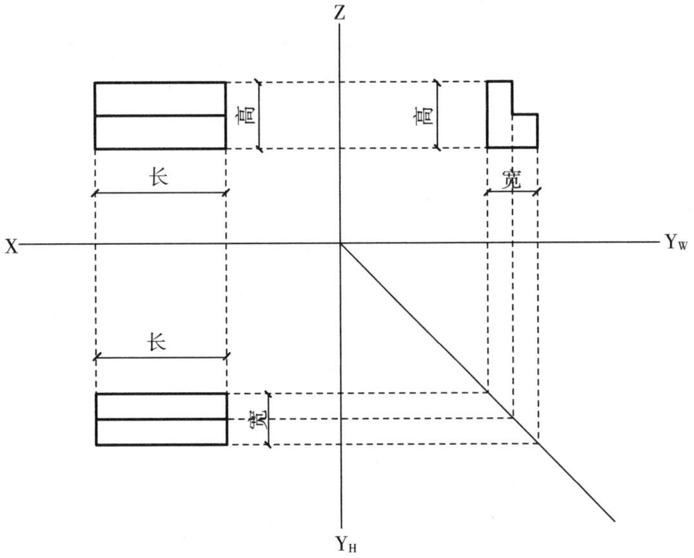

图 3 - 14　三面正投影图之间的规律

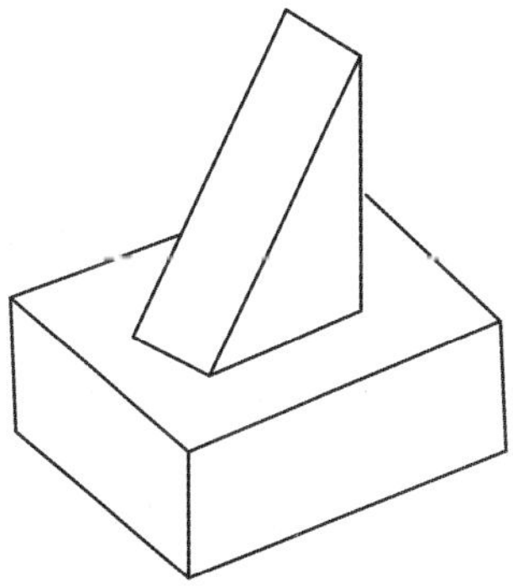

图 3 - 15　叠加型

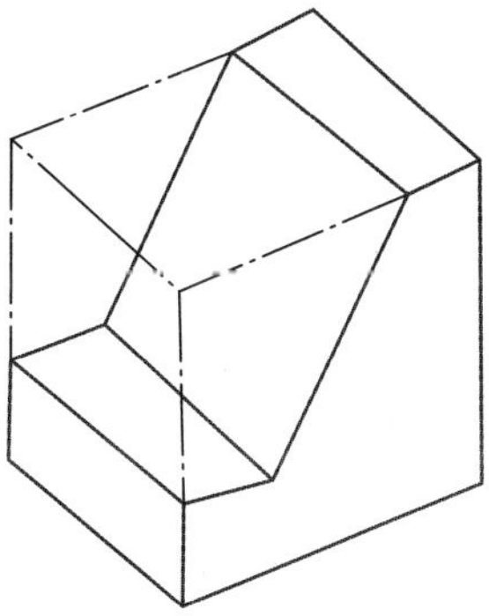

图 3 - 16　截割型

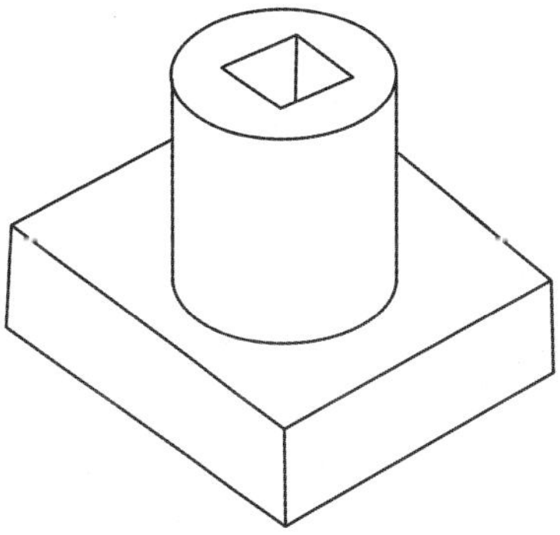

图 3 - 17　综合型

例：根据形体的轴测图（图 3 - 18）画出三面投影图（比例 1∶1）。

作图步骤：

第一步：形体分析，如图 3 - 19、图 3 - 20、图 3 - 21 所示。

第二步：选择正立面图的投影方向。

第三步：确定绘图比例（如 1∶1）。

第四步：画投影图，步骤如图 3 - 22、图 3 - 23、图 3 - 24、图 3 - 25 所示。

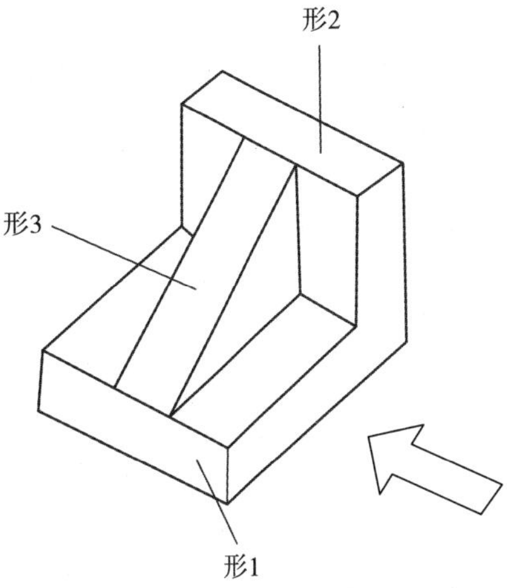

图 3 - 18　形体轴测图

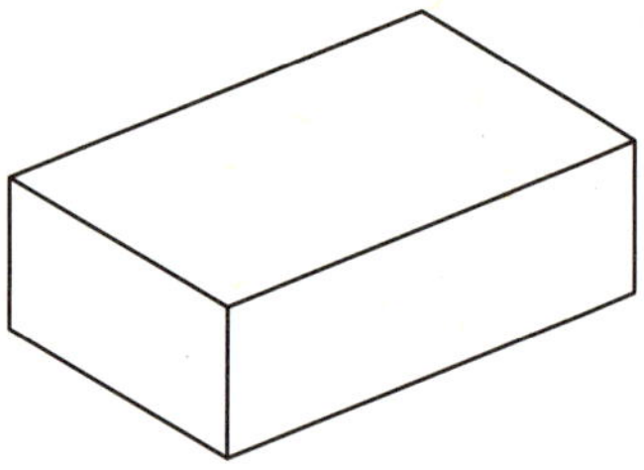
图 3-19　形 1

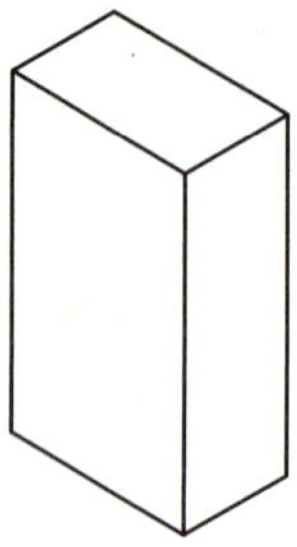
图 3-20　形 2

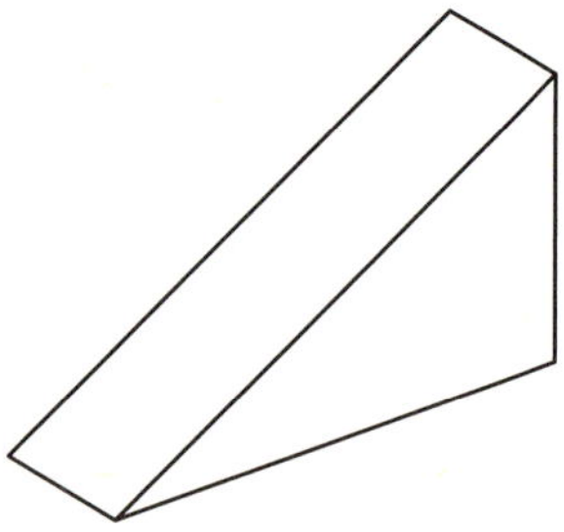
图 3-21　形 3

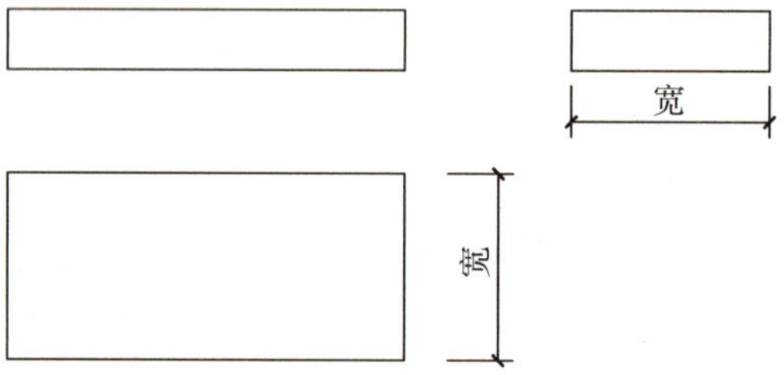

图 3-22　步骤分析（1）

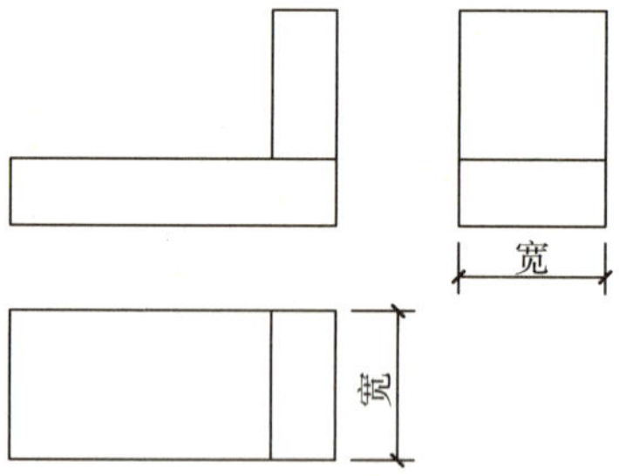

图 3-23　步骤分析（2）

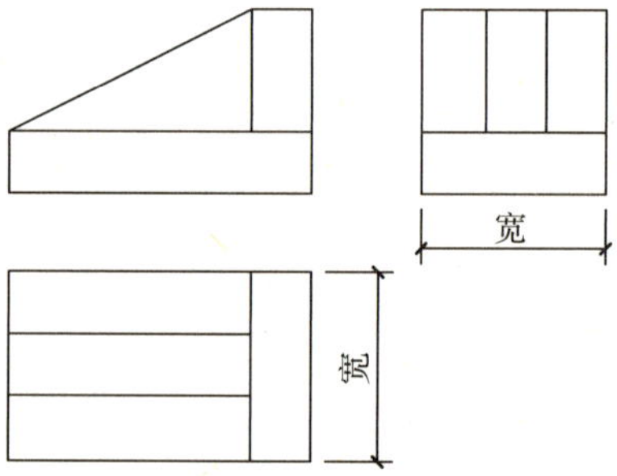

图 3-24　步骤分析（3）

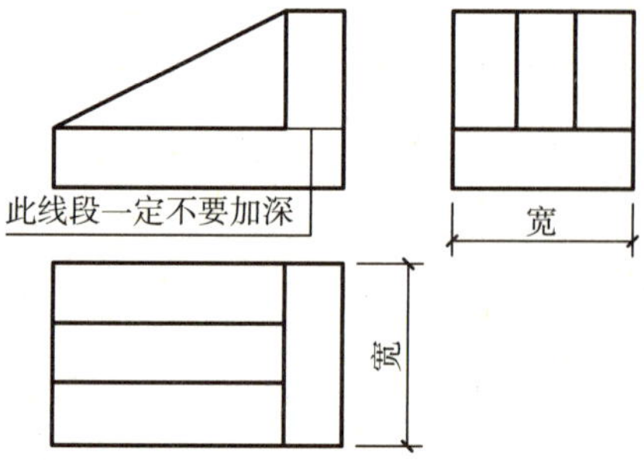

图 3-25　步骤分析（4）

此方法为 45°线法求侧面投影图（图 3-26、图 3-27、图 3-28、图 3-29）。

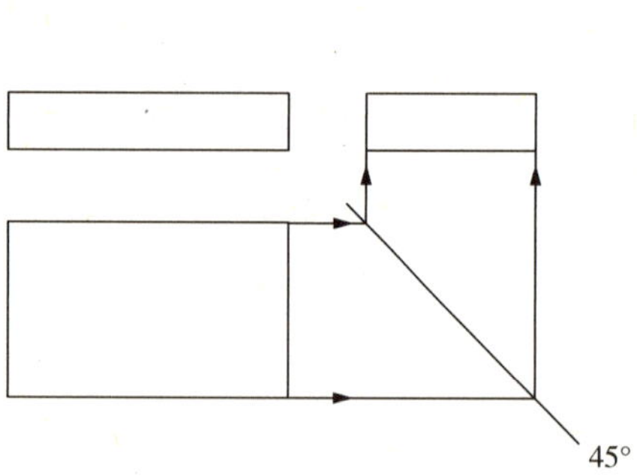

图 3-26　45°线法求侧面投影图（1）

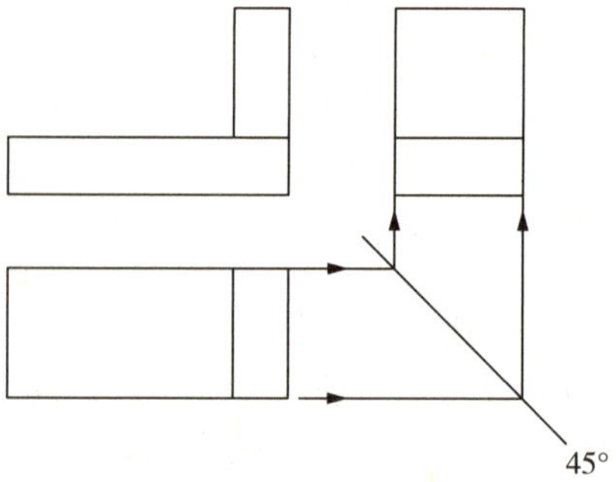

图 3-27　45°线法求侧面投影图（2）

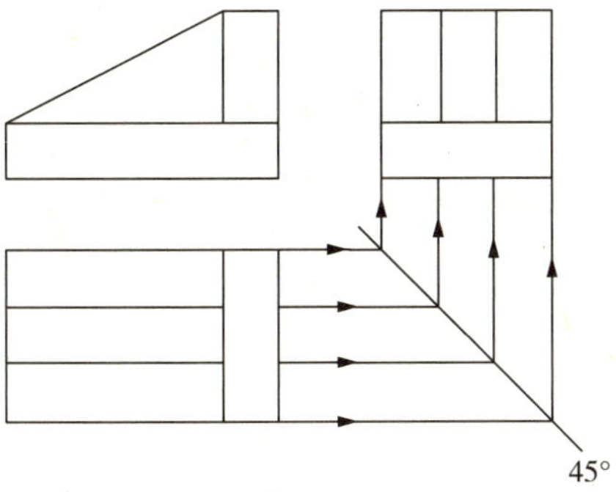

图 3-28　45°线法求侧面投影图（3）

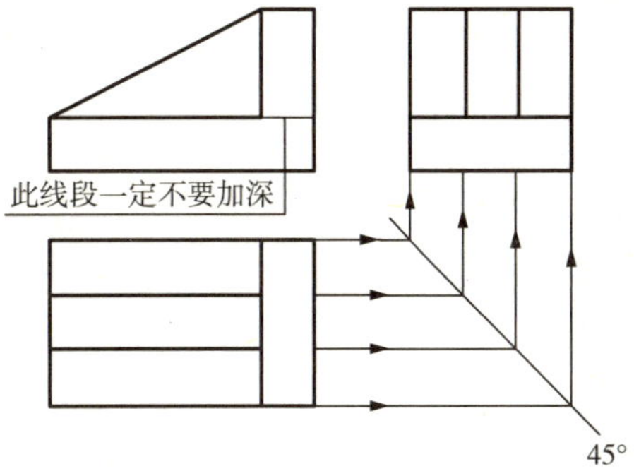

图 3-29　45°线法求侧面投影图（4）

★ 实践项目

练习一　已知点 A 的坐标为 x = 22，y = 10，z = 18，即 A（22mm、10mm、18mm），求作点 A 的三面投影图。

练习二　试过点 E 作一长度为 15mm 的正垂线 EF，点 F 在点 E 的正前方。

练习三　绘制几何形体（图 3-30）的三面投影。

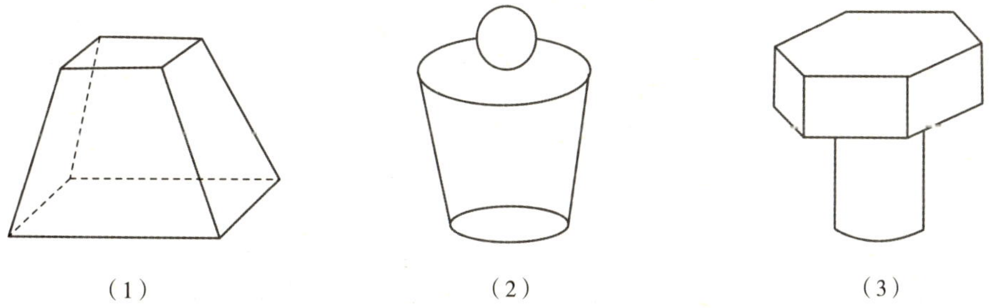

图 3-30　几何形体

4 模块四 制图基础知识

● **理论教学**

任务一 制图基础知识

建筑工程图是表达工程设计的重要技术资料，是建筑施工的依据，被誉为工程界的“语言”。为统一工程图样的画法，便于交流技术和提高制图效率，满足设计、施工、管理等要求，对于工程图中常用的图纸幅面、字体、图线、比例、尺寸标注等内容国家标准有统一的规定。

建筑工程图执行的标准是：《房屋建筑制图统一标准》(GB/T 50001—2001)、《总图制图标准》(GB/T 50103—2001)、《建筑制图标准》(GB/T 50104—2001)、《建筑结构制图标准》(GB/T 50105—2001)、《给水排水制图标准》(GB/T 50106—2001) 和《采暖通风与空气调节制图标准》(GB/T 50114—2001)。

1. 图纸幅面、图框格式、标题栏和会签栏

① 图纸幅面

图纸幅面是指图纸本身的大小规格，用图纸的短边×长边 ($b\times l$) 表示。图纸的幅面应符合表 4-1 所列的规定：

表 4-1 图纸幅面尺寸表 (mm)

尺寸代号 \ 图幅代号	A0	A1	A2	A3	A4
$b\times l$	841×1189	594×841	420×594	297×420	210×297
c	10			5	
a	25				

A0 号图纸的面积为 1 平方米，A1 号图纸是 A0 号图纸的对开，其他幅面依次类推，如图 4－1 所示。

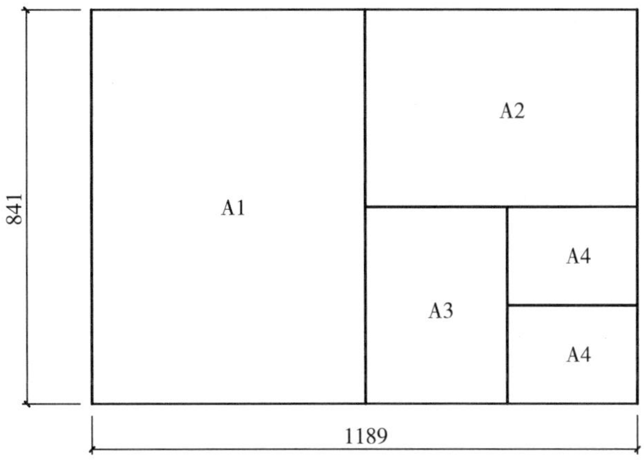

图 4－1　图纸幅面（mm）

图纸的短边一般不应加长，长边可加长，但应符合表 4－2 所列的规定：

表 4－2　图纸长边加长后的尺寸

图幅代号	长边尺寸（mm）	长边加长后尺寸（mm）
A0	1189	1486　1635　1783　1932　2080　2230　2378
A1	841	1051　1261　1471　1682　1892　2102
A2	594	743　891　1041　1189　1338　1486　1635　1783　1932　2080
A3	420	630　841　1051　1261　1471　1682　1892

② 图框格式

图框是指在图纸上限定绘图区域的线框。规定每张图纸上都要画出图框，图框线用粗实线绘制。

图纸以长边作为水平边使用的图幅称为横式图幅，以短边作为水平边使用的图幅称为立式图幅。一般 A0～A3 图纸宜横式使用，如图 4－2 所示；必要时，也可立式使用，如图 4－3 所示。但 A4 幅面只能立式使用，如图 4－4 所示。

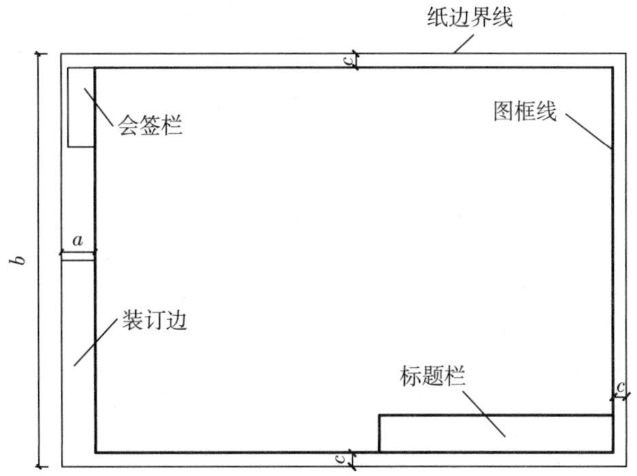

图 4－2　横式图幅（A0～A3）

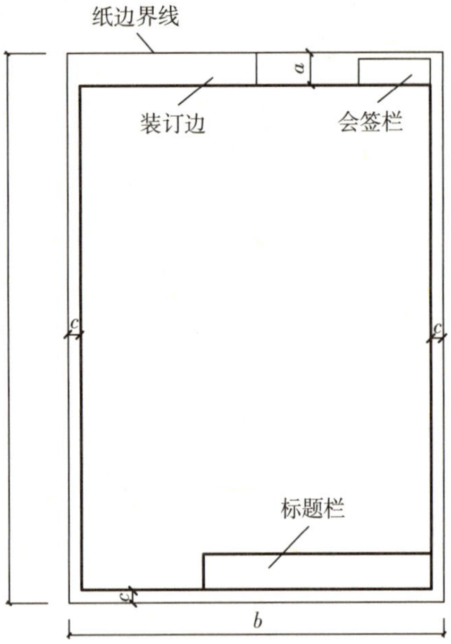

图 4-3　立式图幅（A0～A3）

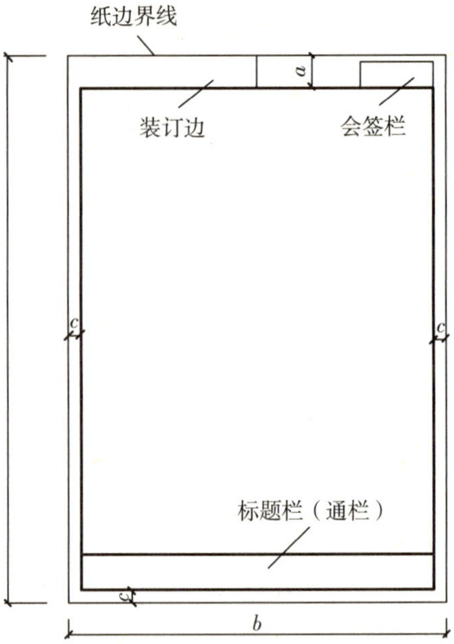

图 4-4　立式图幅（A4）

③ 标题栏和会签栏

图中的标题栏（简称图标），应放在图纸右下角，用来填写设计单位、工程名称、图名、图号以及设计人、制图人、审批人的签名和日期等。标题栏的外框线为粗实线，标题栏的分格线为细实线，如图 4-5 所示。

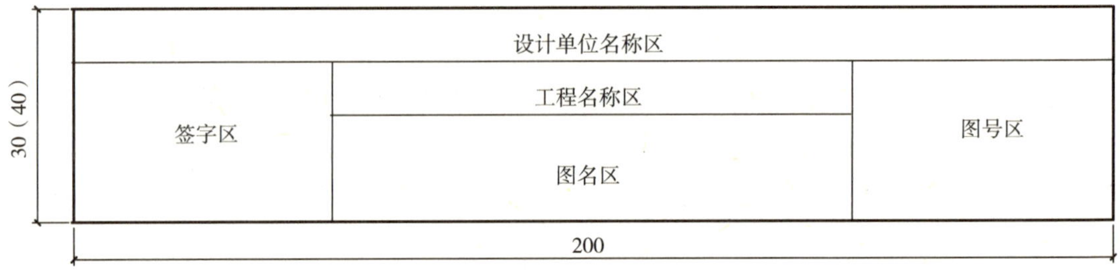

图 4-5　标题栏（mm）

会签栏是指工程建设图纸上由会签人员填写所代表的有关专业、姓名、日期等的一个表格。需要会签的图纸，在图纸的左侧上方或图框线上方有会签栏，会签栏的尺寸、格式和内容都有规定，如图 4-6 所示。

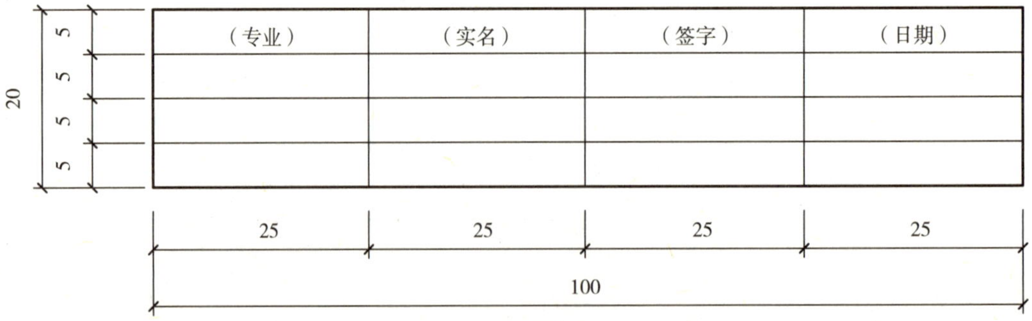

图 4-6　会签栏（mm）

学校学生作业图纸不用设会签栏，标题栏可采用如图 4－7 所示的标题栏，各校也可规定自己的格式。

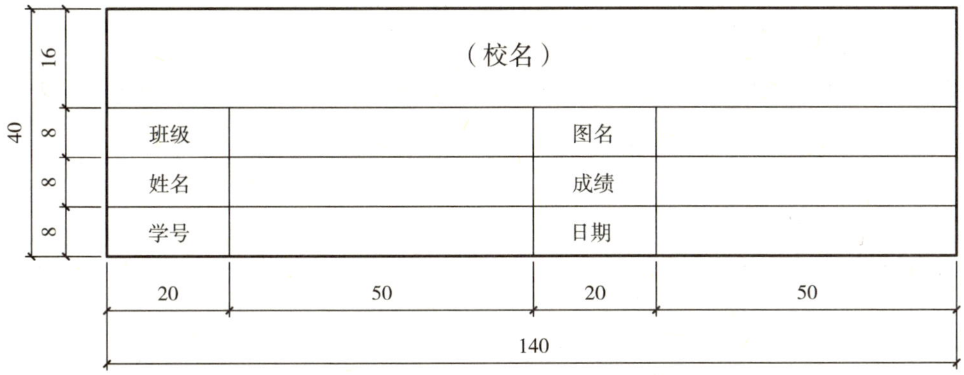

图 4－7　学生作业标题栏（mm）

2. 图线

① 线型和线宽

图线是画在图纸上的线条的统称，见表 4－3 所列。

表 4－3　线型表

名称		线型	线宽	一般用途
实线	粗		b	主要可见轮廓线
	中		$0.5b$	可见轮廓线、尺寸起止符号等
	细		$0.25b$	可见轮廓线、图例线、尺寸线和尺寸界线等
虚线	粗		b	见有关专业制图标准
	中		$0.5b$	不可见轮廓线
	细		$0.25b$	不可见轮廓线、图例线等
单点长画线	粗		b	见有关专业制图标准
	中		$0.5b$	见有关专业制图标准
	细		$0.25b$	中心线、对称线等
双点长画线	粗		b	见有关专业制图标准
	中		$0.5b$	见有关专业制图标准
	细		$0.25b$	假想轮廓线、成型前原始轮廓线
折断线			$0.25b$	断开界线
波浪线			$0.25b$	断开界线

粗、中、细线形成一组，叫作线宽组，见表 4－4 所列。

表 4－4　线宽组（mm）

线宽比	线宽组					
b	2.0	1.4	1.0	0.7	0.5	0.35
$0.5b$	1.0	0.7	0.5	0.35		
$0.25b$	0.18	0.25	0.5	0.35	0.25	0.18

图框线、标题栏线宽度按表 4－5 所列选用。

表 4－5　图框线、标题栏线的宽度（mm）

幅面代号	图框线	标题栏外框线	标题栏分格线、会签栏线
A0、A1	1.4	0.7	0.35
A2、A3、A4	1.0	0.7	0.35

② 图线的画法

★ 相互平行的图线，其间隙不宜小于其中的粗线宽度，且不宜小于 0.7mm，如图 4－8（a）所示。

★ 虚线、单点长画线或双点长画线的线段长度和间隔宜各自相等，如图 4－8（b）（c）（d）所示。

★ 当在较小的图形中绘制有困难时，单点长画线或双点长画线可用实线代替，如图 4－8（e）所示。

★ 单点长画线或双点长画线的两端不应是点，如图 4－8（e）所示。

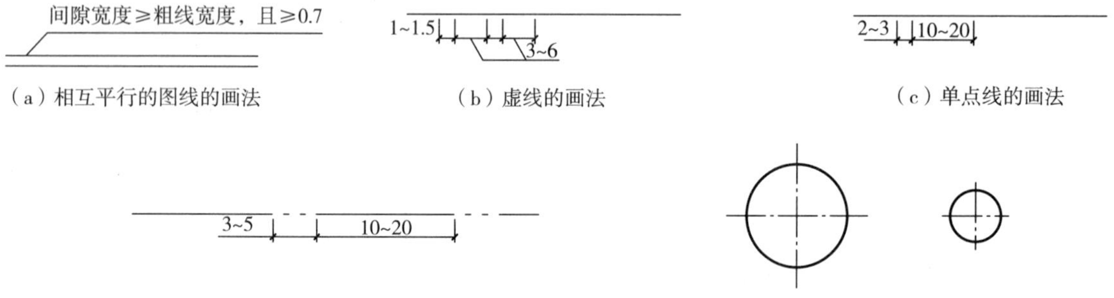

（a）相互平行的图线的画法　（b）虚线的画法　（c）单点线的画法

（d）双点线的画法　（e）圆的画法

图 4－8　图线的画法

③ 图线的交接

图线的交接如图 4－9 所示，并注意以下几点：

★ 实线与实线相接，相接处应准确，不可偏离或超出，也不可交叉，如图 4－9（a）所示。

★ 虚线与实线、虚线与单（双）点画线、虚线与虚线、单（双）点画线与实线、单（双）点画线与单（双）点画线相交，都应交于线段，如图 4－9（b）（c）（d）所示。

★ 虚线为实线的延长线时，不得与实线连接，如图 4－9（e）所示。

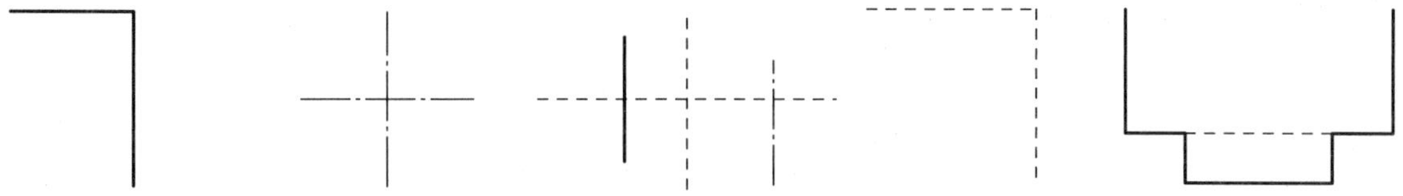

（a）　（b）　（c）　（d）　（e）

图 4－9　图线的交接

3．字体

字体是制图中的一般规定术语，是指图中汉字、字母、数字的书写形式。

① 汉字

图样及说明中的汉字应采用国家公布的简化汉字，并宜用长仿宋体。

长仿宋字体的字高与字宽的比例大约为 3∶2（表 4－6）。

表 4－6　长仿宋体的字高与字宽关系（mm）

字高（字号）	20	14	10	7	5	3.5
字宽	14	10	7	5	3.5	2.5

长仿宋体字的书写要领是：横平竖直，注意起落，结构匀称，填满方格。几种基本笔画的写法及字例如图 4－10 所示。

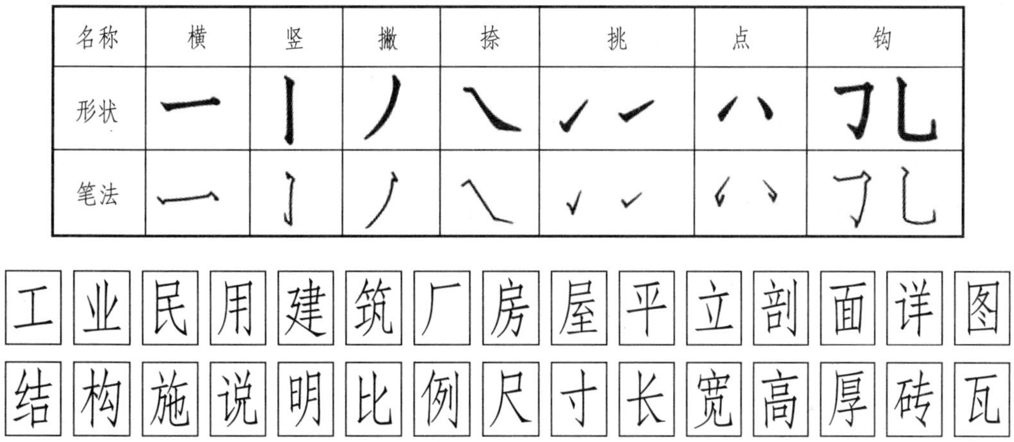

图 4－10　长仿宋字体基本笔画及字例

② 字母和数字

数字和字母有直体和斜体两种写法，但在同一张图纸上必须统一，如图 4－11 所示。

4．比例

图样的比例是指图形与实物相对应的线性尺寸之比。比例的大与小，是指比值的大与小。比值大于 1 的比例，称为放大的比例；比值小于 1 的比例，称为缩小的比例。建筑工程图上常采用缩小的比例，见表4－7 所列。

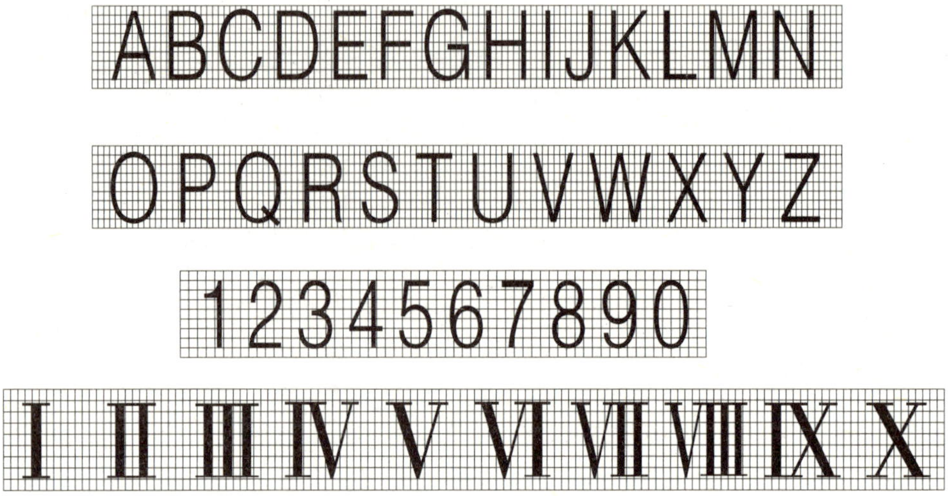

（a）直体拉丁字母、阿拉伯数字与罗马数字示例

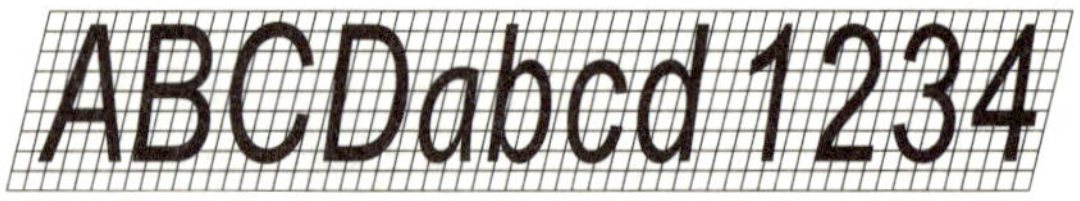

（b）斜体拉丁字母、阿拉伯数字示例

图 4 - 11　字母和数字

表 4 - 7　比例

常用比例	1：1、1：2、1：5、1：10、1：20、1：50、1：100、1：150、1：200、1：500、1：1000、1：2000、1：5000、1：10000、1：20000、1：50000、1：100000、1：200000
可用比例	1：3、1：4、1：6、1：15、1：25、1：30、1：40、1：60、1：80、1： 250、1：300、1：400、1：600

比例宜注写在图名的右侧，字的底线应取平。比例的字高，应比图名的字高小 1 号或 2 号，如图 4 - 12 所示。当同一张图纸中只用了一种比例时，也可将比例书写在图纸的标题栏内。一般情况下，一个图样应选用一种比例。根据专业制图需要，同一图样可选用两种比例。

图 4 - 12　比例的标注

5. 尺寸标注

建筑工程图除了画出建筑物及其各部分的形状外，还必须准确、详尽和清晰地标注尺寸，以确定其大小，作为施工时的依据。

① 尺寸的组成及一般标注方法

图样上的尺寸由尺寸界线、尺寸线、起止符号和尺寸数字四个部分组成，如图 4 - 13 所示。

★ 尺寸界线

用细实线绘制，与被注长度垂直，其一端应离开图样的轮廓线不小于 2mm，另一端应超出尺寸线 2～3mm。

★ 尺寸线

用细实线绘制，并与被注长度平行，与尺寸界线垂直相交，但不宜超出尺寸界线外。

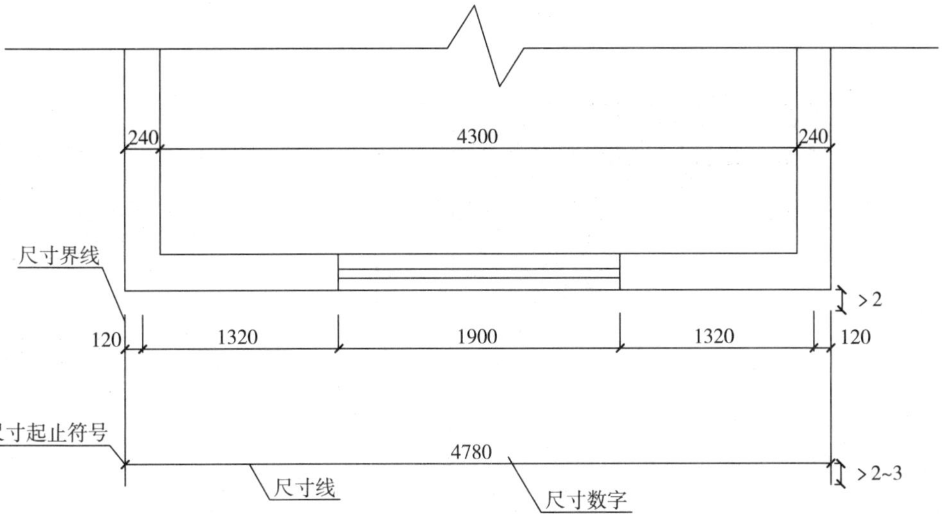

图 4-13　图样上尺寸的组成（mm）

★ 尺寸起止符号

用中粗短斜线绘制，并画在尺寸线与尺寸界线的相交处。

★ 尺寸数字

用阿拉伯数字标注图样的实际尺寸。

尺寸数字一般注写在尺寸线的中部。水平方向的尺寸，尺寸数字要写在尺寸线的上面，字头朝上；竖直方向的尺寸，尺寸数字要写在尺寸线的左侧，字头朝左；倾斜方向的尺寸，尺寸数字的方向应按图 4-14（a）所示的规定注写，尺寸数字在图中所示 30°斜线区内应按图 4-14（b）所示的形式注写。

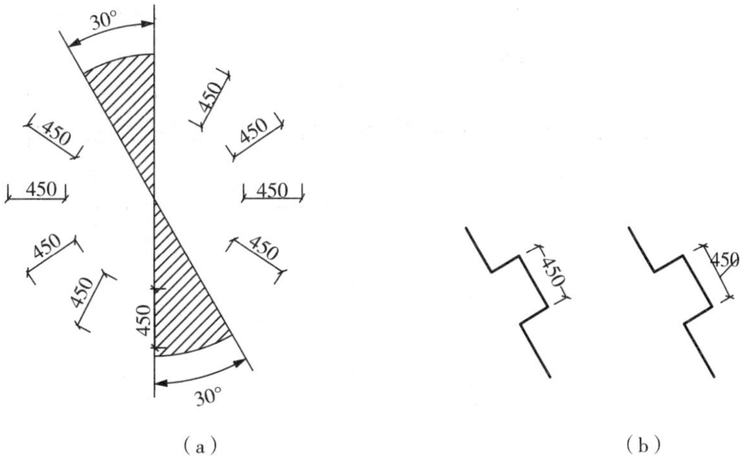

图 4-14　倾斜方向的尺寸数字的注写

尺寸数字如果没有足够的注写位置时，两边的尺寸可以注写在尺寸界线的外侧，中间相邻的尺寸可以错开注写，如图 4-15 所示。

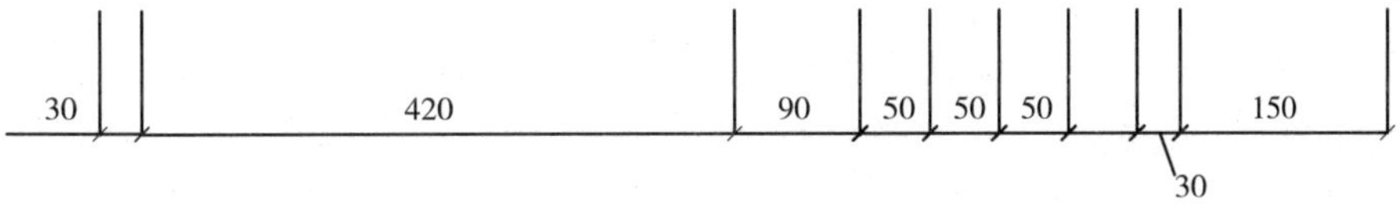

图 4-15　没有足够的注写位置时尺寸数字的注写

尺寸宜标注在图样轮廓之外，不宜与图线、文字及符号等相交，当无法避免时，必须将图线断开，如图 4－16 所示。

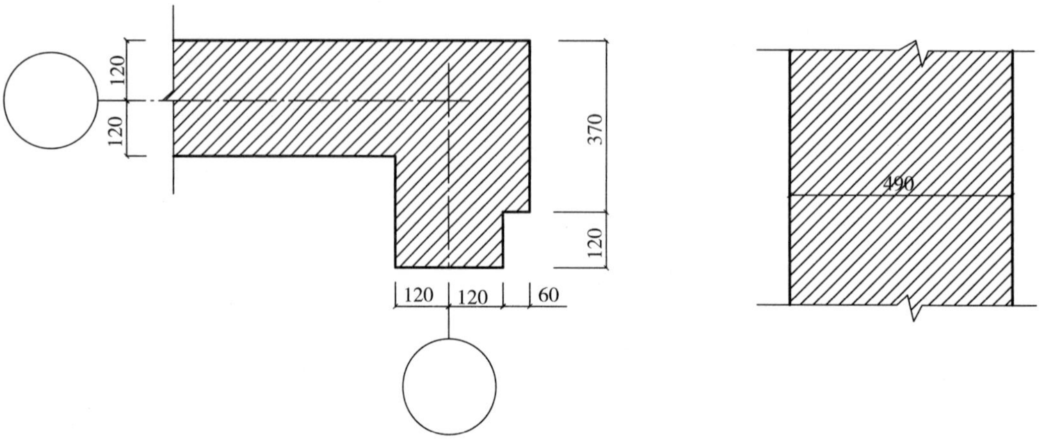

图 4－16　图样轮廓上的尺寸数字标注

② 尺寸的排列与布置

图样轮廓线以外的尺寸界线，距图样最外轮廓之间的距离，不宜小于 10mm。互相平行的尺寸线，应从被注写的图样轮廓线由近向远整齐排列，较小尺寸应离轮廓线较近，较大尺寸应离轮廓线较远，间距宜为 7～10mm，并应保持一致。总尺寸的尺寸界线应靠近所指部位，中间的分尺寸的尺寸界线可稍短，但其长度应相等，如图 4－17 所示。

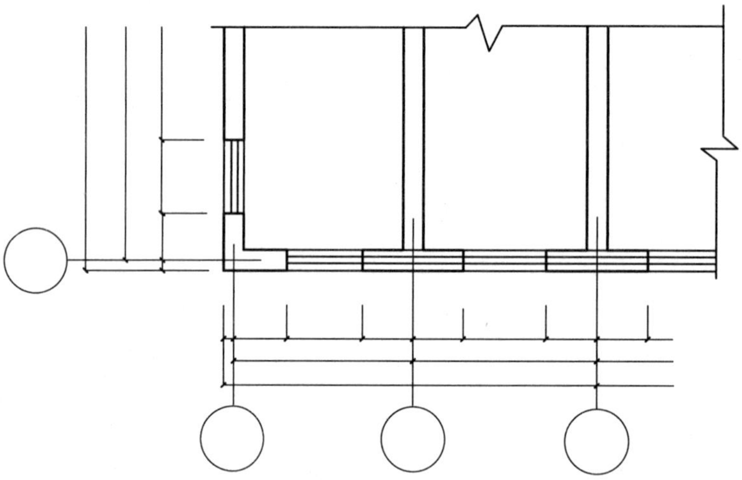

图 4－17　尺寸的排列与布置

③ 其他几种常见的标注

★ 半径、直径、球的尺寸标注

半圆或小于半圆的圆弧，一般标注半径尺寸，尺寸线的一端从圆心开始，另一端用箭头指向圆弧，在半径数字前加注半径代号“*R*”，如图 4－18 所示。较小圆弧的半径，可按图 4－19 所示的形式标注。较大圆弧的半径，可按图 4－20 所示的形式标注。

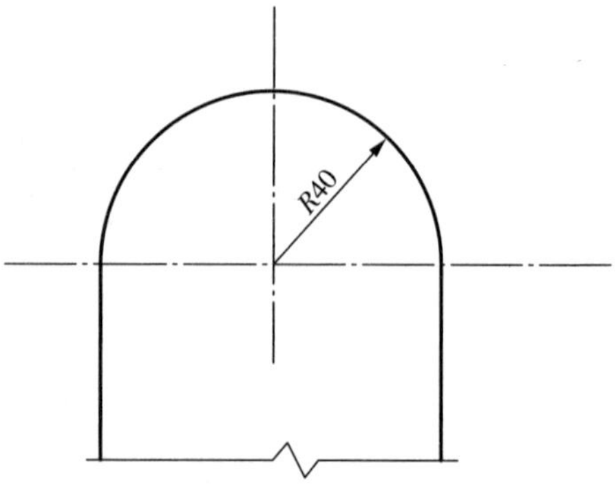

图 4－18　半圆或小于半圆的圆弧的半径尺寸标注

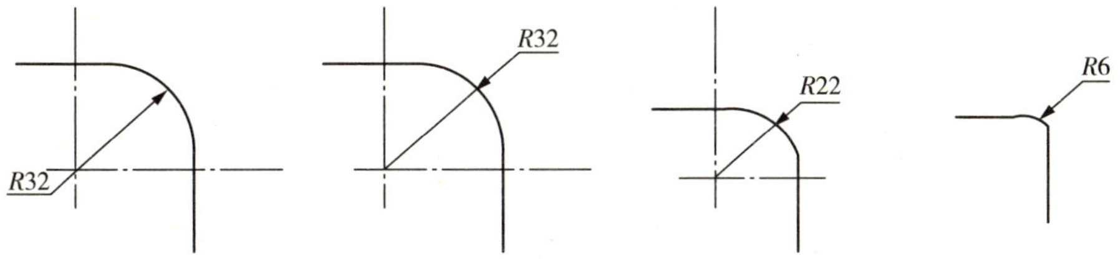

图 4-19　较小圆弧的半径尺寸标注

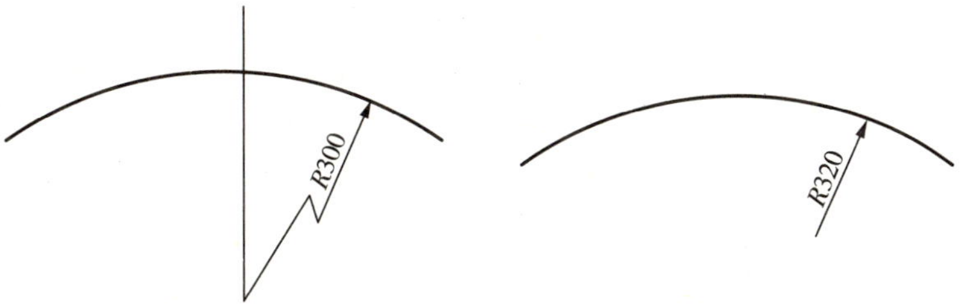

图 4-20　较大圆弧的半径尺寸标注

圆或者大于半圆的圆弧，一般标注直径，尺寸线通过圆心，两端指向圆弧，用箭头作为尺寸的起止符号，并在直径数字前加注直径代号“ϕ”，如图 4-21 所示。较小圆的尺寸可标注在圆外，如图 4-22 所示。

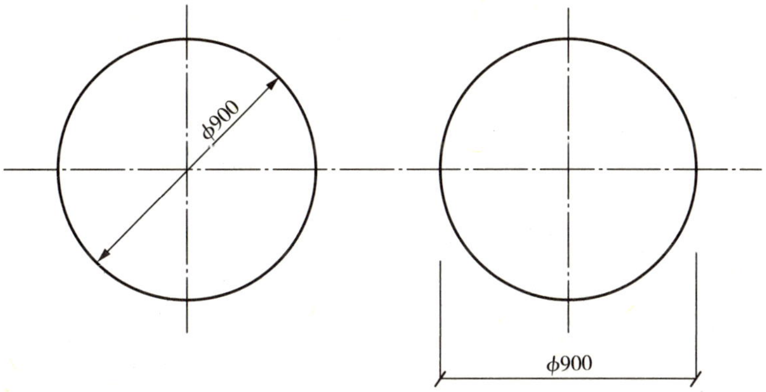

图 4-21　圆或者大于半圆的圆弧的直径尺寸标注

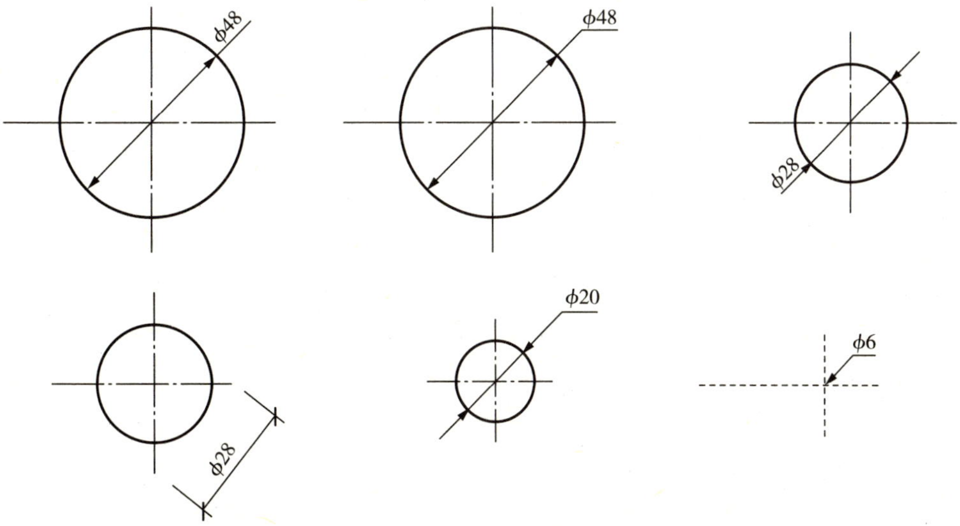

图 4-22　较小圆的直径尺寸标注

★ 角度、弧长、弦长的标注

角度的尺寸线应以圆弧表示。注意：角度数字应该水平方向注写，如图 4－23 所示。

标注圆弧的弧长时，尺寸线应以与该圆弧同心的圆弧线表示，尺寸界线应垂直于该圆弧的弦，起止符号用箭头表示，弧长数字上方应加注圆弧符号“⌒”，如图 4－24 所示。

标注圆弧的弦长时，尺寸线应以平行于该弦的直线表示，尺寸界线应垂直于该弦，起止符号用中粗斜短线表示，如图 4－25 所示。

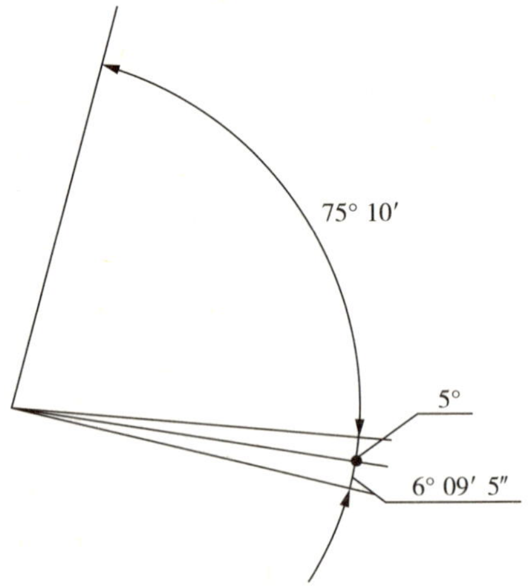

图 4－23　角度数字的标注

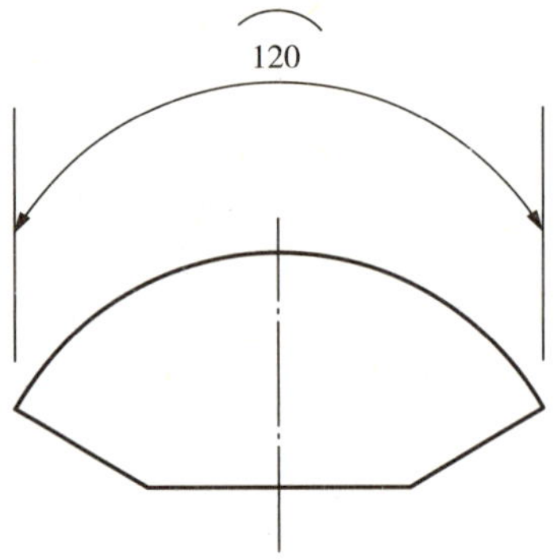

图 4－24　弧长数字的标注

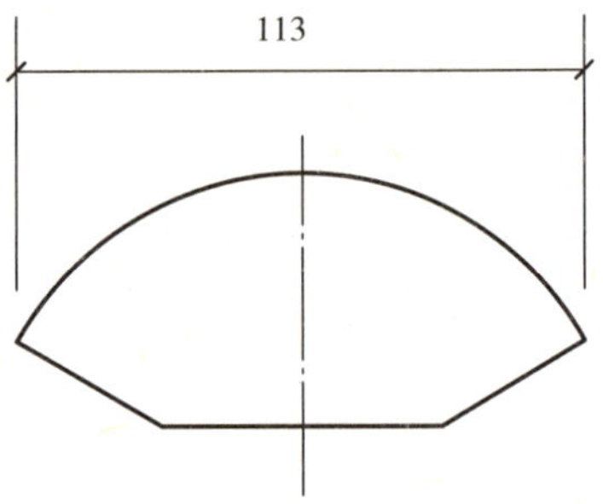

图 4－25　弦长数字的标注

★ 薄板厚度、正方形、坡度等的尺寸标注

在薄板板面标注板厚尺寸时，应在厚度数字前加厚度符号“t”，如图 4－26 所示。标注正方形的尺寸，可用“边长 × 边长”的形式，也可在边长数字前加正方形符号“□”，如图 4－27 所示。

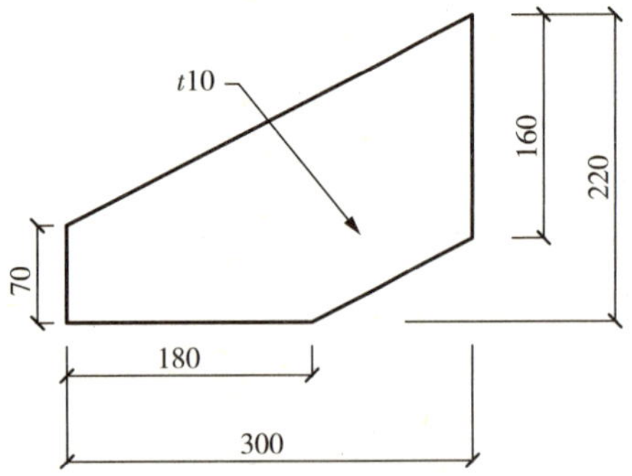

图 4－26　薄板厚度尺寸标注

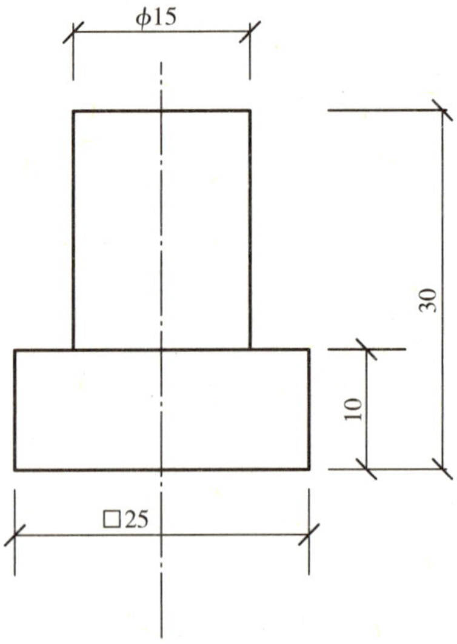

图 4－27　正方形尺寸标注

标注坡度时，应加注坡度符号“←”，该符号为单面箭头，箭头应指向下坡方向。坡度也可用直角三角形形式标注，如图 4－28 所示。

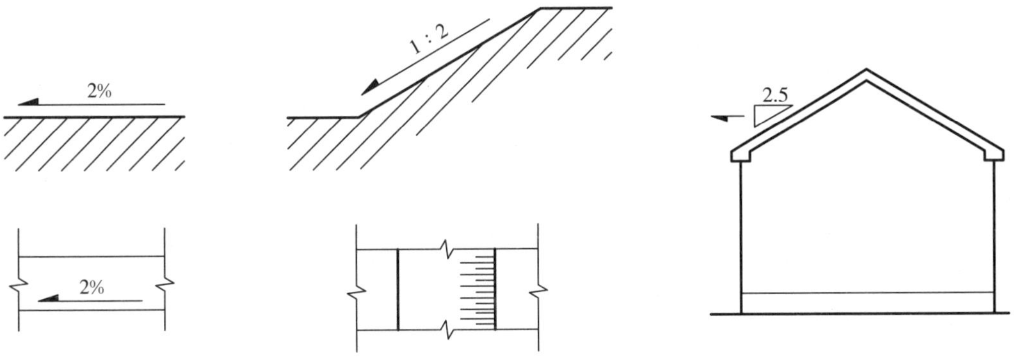

图 4－28　坡度尺寸标注

★ 尺寸的简化标注

杆件或管线的长度，在单线图（桁架简图、钢筋简图、管线简图）上，可直接将尺寸数字沿杆件或管线的一侧注写，如图 4－29 所示。

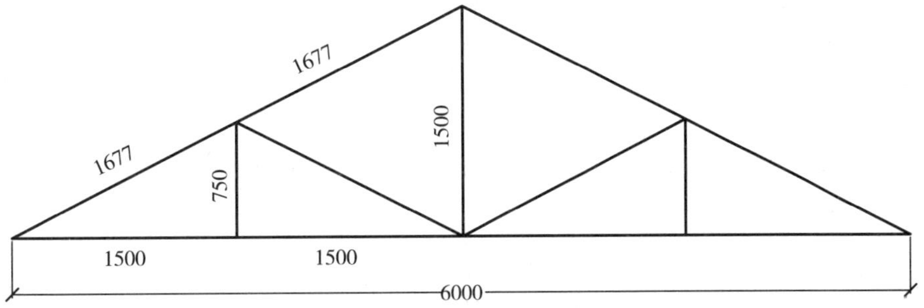

图 4－29　杆件或管线尺寸的简化标注

连续排列的等长尺寸，可用“个数×等长尺寸＝总长”的形式标注，如图 4－30 所示。

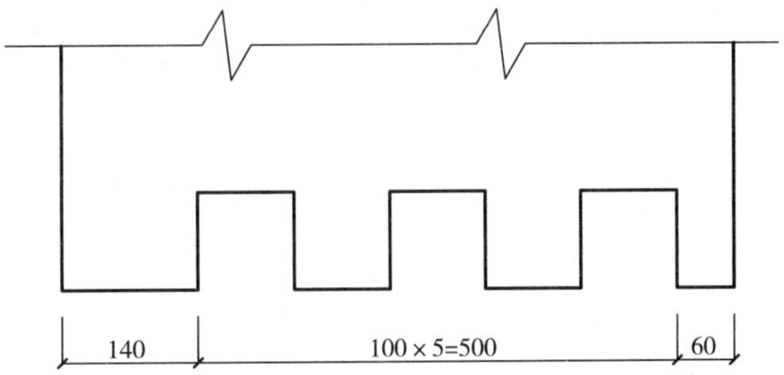

图 4－30　连续排列的等长尺寸的简化标注

任务二　图例符号

1. 剖切符号

剖切位置线长度宜为 6～10mm；投射方向线长度宜为 4～6mm。应以粗实线绘制，不应与其他图线相接触。按顺序由左至右、由下至上连续编排。需要转折的剖切位置线，应在转角的外侧加注与该符号相同的编号。剖面符号应标注在要表示的图样上，如图 4－31 所示。

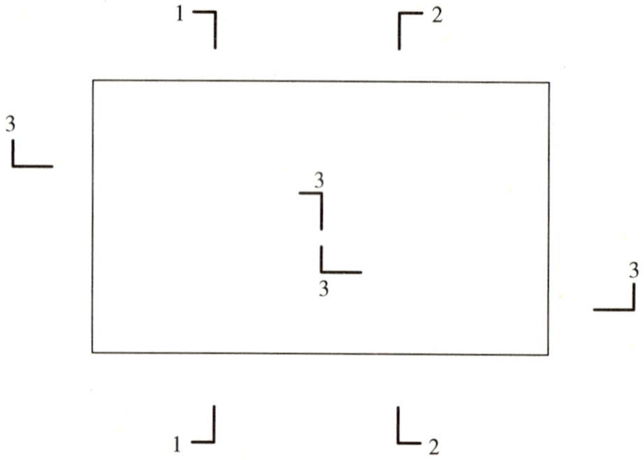

图 4－31　剖切符号

2. 索引符号

如图 4－32、图 4－33 所示，是直径为 10mm 的细实线圆、细实线水平直径和引出线及编号。

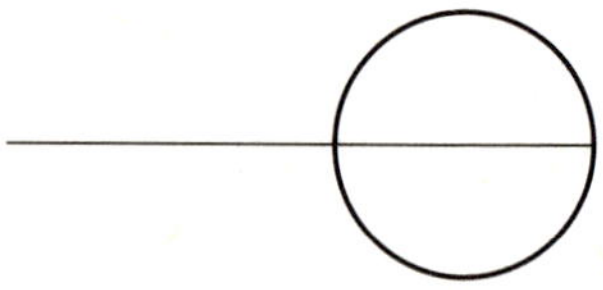

图 4－32　索引符号（1）

3. 详图符号

直径为 14mm 的粗实线圆、细实线水平直径及编号，如图 4－34 所示。

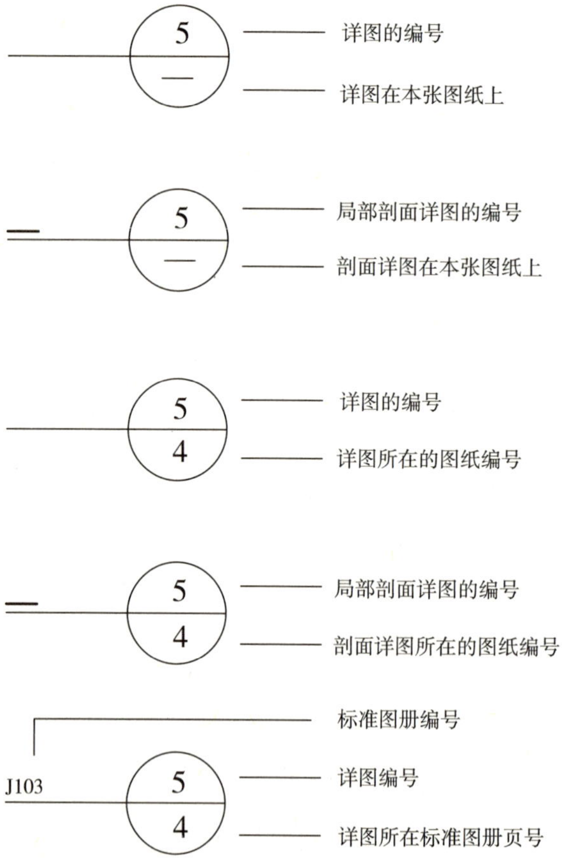

图 4－33　索引符号（2）

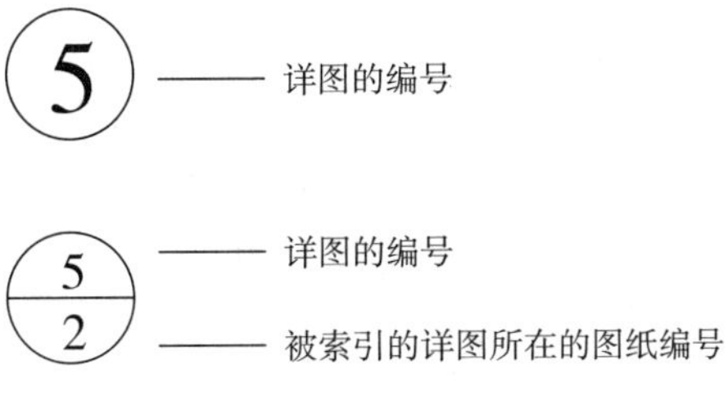

图 4 - 34　详图符号

4. 室内立面索引符号

为在平面图上表示室内立面所在的位置，应在平面图中用立面索引符号注明视点位置、方向及立面的编号。立面索引符号由直径为 8～12mm 的圆构成，以细实线绘制，并以等腰直角三角形为投影方向共同组成。

圆内直线以细实线绘制，在立面索引符号的上半圆内用字母标识表示立面图的编号，下半部的数字为该立面图所在图纸的编号。

三角形方向随立面投视方向而变，但圆中的水平直线、数字及字母不变方向，如图 4 - 35 所示。

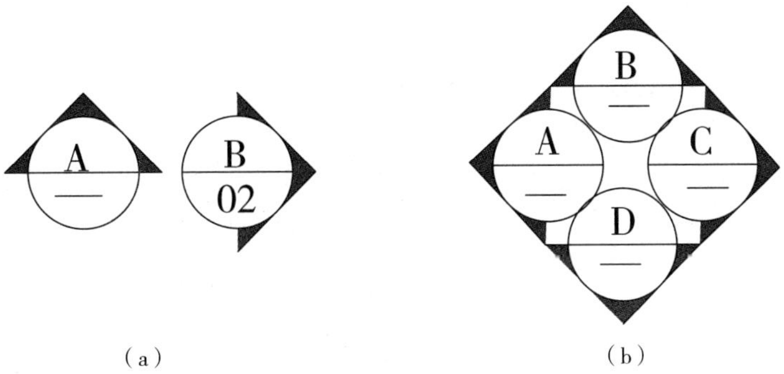

图 4 - 35　室内立面索引符号

5. 定位轴线

建筑施工图中的定位轴线是施工定位、放线的重要依据，凡是承重墙、柱子等主要承重构件都应画上轴线来确定其位置。

圆应用细实线绘制，直径为 8～10mm。定位轴线应用细单点长画线绘制，如图 4 - 36 所示。

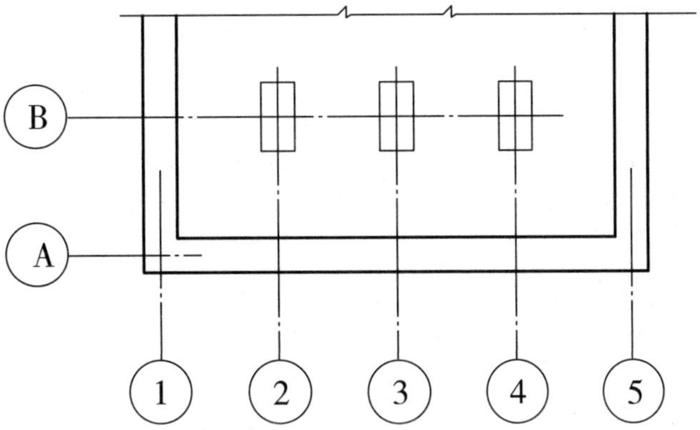

图 4 - 36　定位轴线

横向编号从左至右顺序编写，竖向编号从下至上顺序编写。

拉丁字母的 I、O、Z 不得用作轴线编号。

6. 引出线

★ 引出线宜采用直线，不宜采用曲线，如图 4－37 所示。

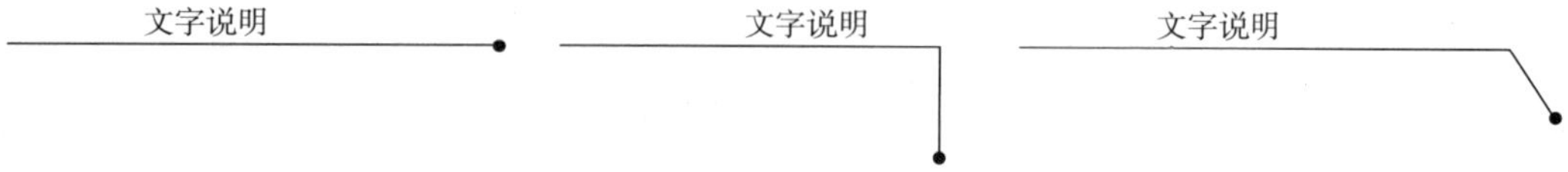

图 4－37 引出线

★ 引出线同时引出几个相同部分时，各引出线应互相保持平行，如图 4－38 所示。

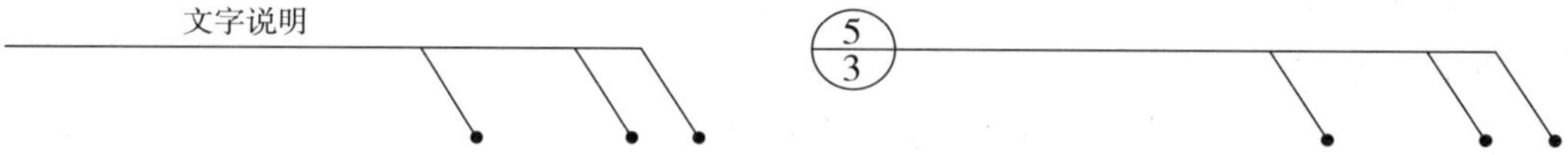

图 4－38 同时引出几个相同部分的引出线应互相保持平行

★ 多层构造引出线，必须通过被引的各层，并保持垂直方向，文字说明的次序，应与构造层次一致，一般由上而下，从左到右，如图 4－39 所示。

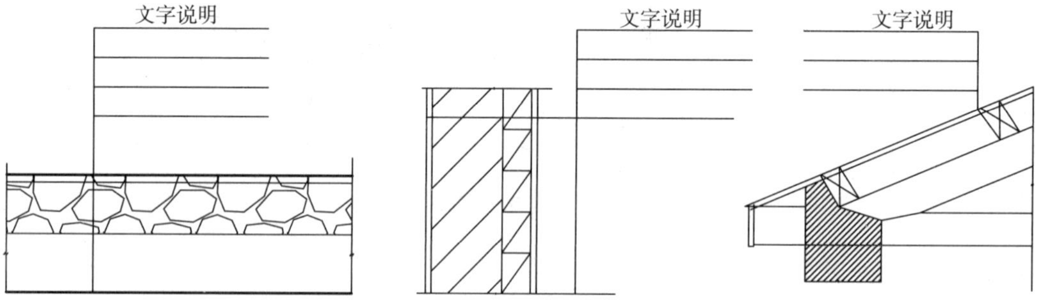

图 4－39 多层构造引出线

7. 标高

① 标高用于表明建筑设计或室内设计空间中各部分（如室内外地面、窗台、门窗口上沿、雨棚和檐口底面、室内立面等处）高度的标注方法。

② 标高分类

绝对标高：我国把青岛的黄海平均海平面定为绝对标高的零点，其他各地标高都以它为基准。

相对标高：把室内首层地面的高度定为相对标高的零点，其符号以直角等腰三角形表示，用细实线绘制。

高于它的为正，但不注“＋”号，低于它的为负，必须注写符号“－”。

③ 标高单位

标高数值以米（m）为单位，一般注至小数点后三位（总平面图中注至小数点后两位数）。

④ 标高符号画法，如图 4－40 所示。

⑤ 标高符号形式，如图 4－41 所示。

图 4－40　标高符号画法

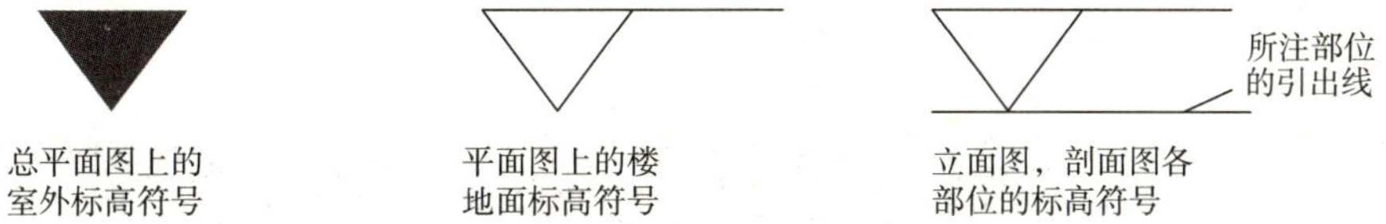

图 4－41　标高符号形式

⑥ 立面图与剖面图上的标高符号注法，如图 4－42、图 4－43 所示。

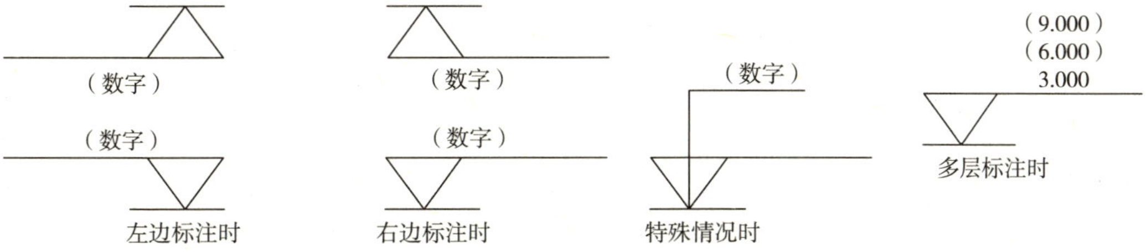

图 4－42　立面图与剖面图上的标高符号注法（1）

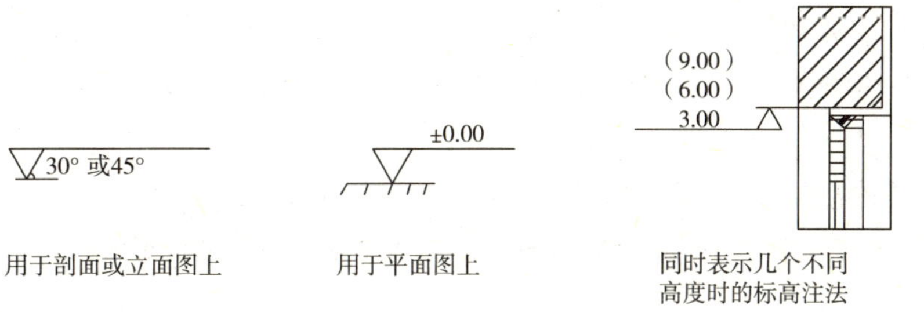

图 4－43　立面图与剖面图上的标高符号注法（2）

5 模块五 建筑制图基础

● 理论教学

任务一 建筑制图基础

将大量常用的房屋建筑及建筑构配件，按规定的统一模数，分不同的规格标准，设计编制成套的施工图，称为标准图。将标准图装订成册的标准图集，有相应的使用范围，如“西南 J112”即西南地区通用的“砌块材料墙图集”。

标准图分整幢房屋的标准设计（定型设计）和建筑构配件标准设计。

标准图集代号常用的有：建筑——J、结构——G、给水排水——S、通风——T、采暖——N、电气——D、（热）动力——R。

1. 施工图中常用的符号

① 定位轴线

★ 附加定位轴线的编号，如图 5－1 所示。

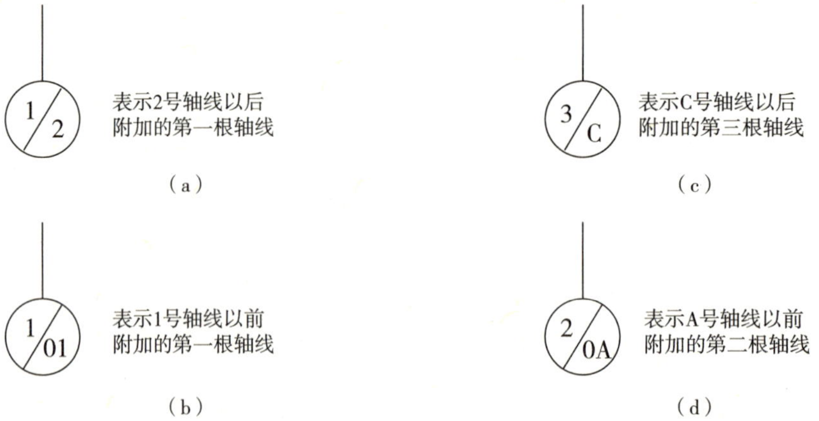

图 5－1 附加定位轴线的编号

★ 详图的轴线编号，如图 5-2 所示。

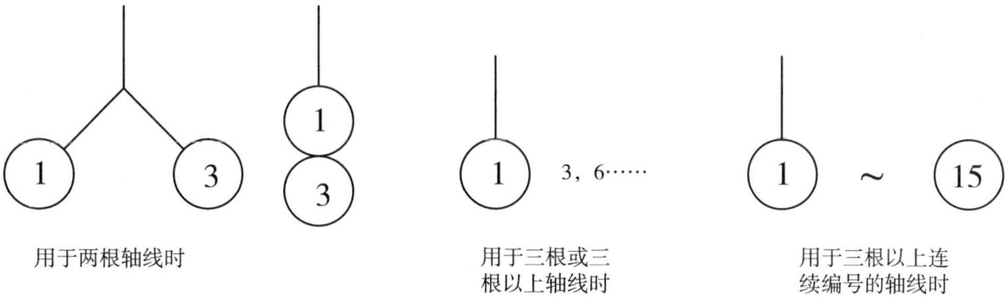

图 5-2　详图的轴线编号

② 标高

标高表示建筑物某一部位相对于基准面（标高的零点）的竖向高度，是竖向定位的依据。标高按基准面的不同分为相对标高和绝对标高。相对标高可以自由选定，一般以建筑物一层主要地面作为零点；绝对标高，以国家或地区统一规定的基准面作为零点标高。我国规定黄海平均海水面作为标高的零点。

标高注法为 3 毫米高的等腰三角形，用细实线绘制，可以指在标高顶面上，也可以指在引出线上。

标高符号画法与形式以及索引符号和详图符号，参见模块四任务二。

③ 指北针

细实线圆，直径 24mm，指针尾端宽 3mm。当采用更大直径的圆时，尾端宽应是直径的 1/8，如图 5-3 所示。

常用建筑材料图例，见表 5-1 所列。

2. 其他符号

常用构件代号，见表 5-2 所列。

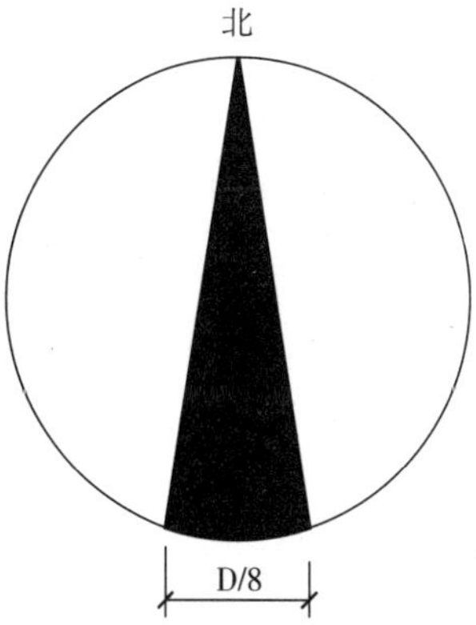

图 5-3　指北针

表 5-1　常用建筑材料图例

序号	名　称	图　例	备　注
1	自然土壤		包括各种自然土壤
2	夯实土壤	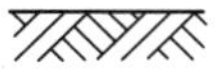	—
3	砂、灰土		—
4	砂砾石、碎砖三合土	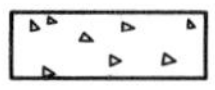	—
5	石材	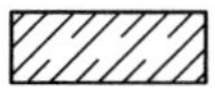	—

（续表）

序号	名　称	图　例	备　注
6	毛石		—
7	普通砖		包括实心砖、多孔砖、砌块等砌体。断面较窄不易绘出图例线时，可涂红，并在图纸备注中加注说明，画出该材料图例
8	耐火砖		包括耐酸砖等砌体
9	空心砖		指非承重砖砌体
10	饰面砖		包括铺地砖、马赛克、陶瓷锦砖、人造大理石等
11	焦渣、矿渣		包括与水泥、石灰等混合而成的材料
12	混凝土	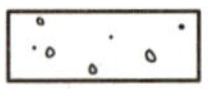	1. 本图例是指能承重的混凝土及钢筋混凝土； 2. 包括各种强度等级、骨料、添加剂的混凝土； 3. 在剖面图上画出钢筋时，不画图例线； 4. 断面图形小，不易画出图例线时，可涂黑
13	钢筋混凝土	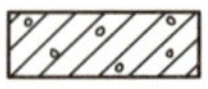	
14	多孔材料		包括水泥珍珠岩、沥青珍珠岩、泡沫混凝土、非承重加气混凝土、软木、蛭石制品等
15	纤维材料	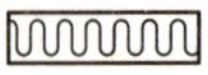	包括矿棉、岩棉、玻璃棉、麻丝、木丝板、纤维板等
16	泡沫塑料材料	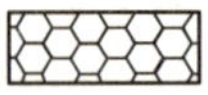	包括聚苯乙烯、聚乙烯、聚氨酯等多孔聚合物类材料
17	木材	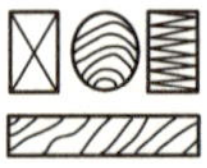	1. 上图为横断面，左上图为垫木、木砖或木龙骨； 2. 下图为纵断面
18	胶合板	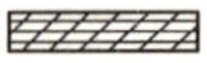	应注明为×层胶合板
19	石膏板		包括圆孔、方孔石膏板以及防水石膏板、硅钙板、防火板等

（续表）

序号	名　称	图　例	备　注
20	金属	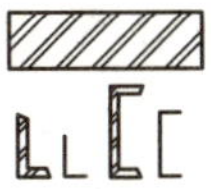	1. 包括各种金属； 2. 图形小时，可涂黑
21	网状材料		1. 包括金属、塑料网状材料； 2. 应注明具体材料名称
22	液体	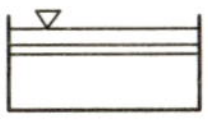	应注明具体液体名称
23	玻璃		包括平板玻璃、磨砂玻璃、夹丝玻璃、钢化玻璃、中空玻璃、夹层玻璃、镀膜玻璃等
24	橡胶		—
25	塑料		包括各种软、硬塑料及有机玻璃等
26	防水材料		构造层次多或比例大时，采用上图例
27	粉刷		本图例采用较稀的点

表 5－2　常用构件代号

序号	名称	代号	序号	名称	代号	序号	名称	代号
1	板	B	11	过梁	GL	21	柱	Z
2	屋面板	WB	12	连系梁	LL	22	框架柱	KZ
3	空心板	KB	13	基础梁	JL	23	构造柱	GZ
4	槽形板	CB	14	楼梯梁	TL	24	桩	ZH
5	楼梯板	TB	15	框架梁	KL	25	挡土墙	DQ
6	盖板	GB	16	屋梁	WJ	26	地沟	DG
7	梁	L	17	框架	KJ	27	梯	T
8	屋面梁	WL	18	钢架	GJ	28	雨篷	YP
9	吊车梁	DL	19	支架	ZJ	29	阳台	YT
10	圈梁	QL	20	基础	J	30	预埋件	M

任务二　建筑总平面图识图制图

1. 建筑总平面图的形成

将新建工程四周一定范围内的新建、拟建、原有和需拆除的建筑物、构筑物及其周围的地形、地物，用直接正投影法和相应的图例画出的图样，即建筑总平面布置图，简称总平面图。

2. 建筑总平面图的用途

表达建筑的总体布局及其与周围环境的关系，是新建筑定位、放线及布置施工现场的依据。

3. 建筑总平面图图示特点

在画有等高线或坐标方格网的地形图上图示新设计、未来扩建的以及原有的建筑、道路、绿化等。

4. 总平面图常用图例

总平面图常用图例，如图 5－4 所示。

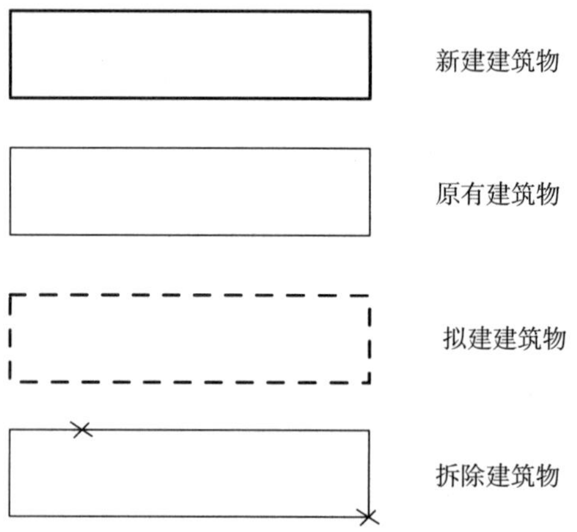

图 5－4　总平面图常用图例

5. 建筑总平面图的识读顺序

① 看图名、比例、图例及有关的文字说明。

② 了解拟建建筑、原有建筑物的位置、形状。

在总平面图上将建筑物分成五种情况，即新建建筑物、原有建筑物、计划扩建的预留地或建筑物、拆除的建筑物和新建的地下建筑物或构筑物，当我们阅读总平面图时，要区分哪些是新建建筑物、哪些是原有建筑物，如图 5－5 所示。在设计中，为了清楚表示建筑物的总体情况，一般还在总平面图中建筑物的右上角以点数或数字表示楼房层数。

③ 了解地形情况和地势高低。

④了解拟建房屋的平面位置和定位依据。

⑤了解拟建房屋的朝向和主要风向（指北针和风向频率玫瑰图）。

⑥ 看新建房屋的标高。

⑦了解道路交通及管线布置情况。

⑧了解绿化、美化的要求和布置情况。

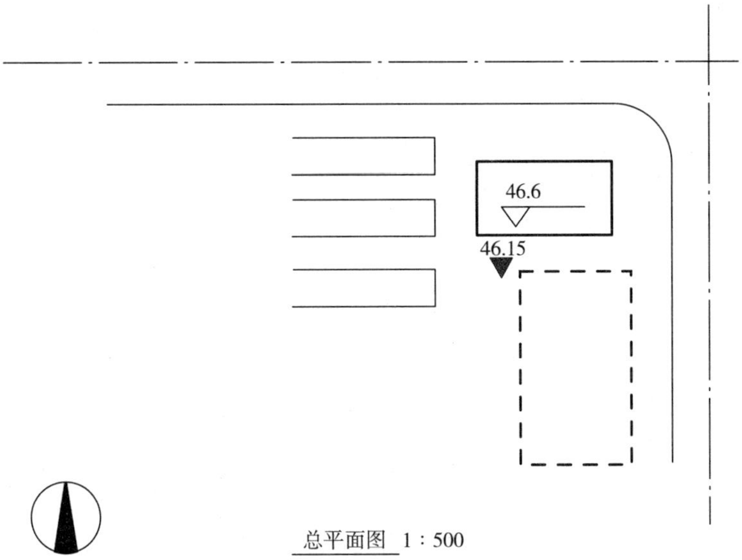

图 5－5　总平面图

任务三　建筑平面图识图制图

1. 建筑平面图的形成

假想用一水平面剖切平面，沿着房屋各层窗台以上洞口处将房屋切开，移去剖切平面以上部分，向下投影所作的水平剖面图，称为建筑平面图，如图 5－6 所示。

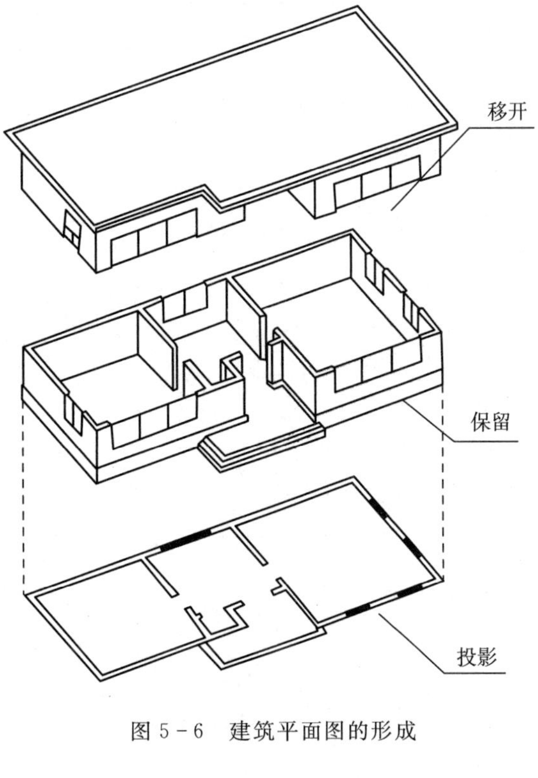

图 5－6　建筑平面图的形成

2. 建筑平面图的用途

平面图是放线、砌筑墙体、安装门窗、做室内装修及编制预算、备料等的基本依据。

3. 建筑平面图的图示内容及表示方法

平面图的主要内容可概括如下（并可按其顺序识读）：

① 图名、比例；

② 纵横定位轴线及其编号；

③ 各种房间的布置和分隔，墙、柱断面形状和大小；

④ 门、窗布置及其型号；

⑤ 楼梯梯段的走向；

⑥ 台阶、花坛、阳台、雨篷等的位置，盥洗间、厕所、厨房等固定设施的布置及雨水管、明沟等的布置；

⑦ 平面图的轴线尺寸，各建筑构配件的大小尺寸和定位尺寸及楼地面的标高、某些坡度及其下坡方向；

⑧ 剖面图的剖切位置线和投射方向及其编号，表示房屋朝向的指北针（这些仅在底层平面图中表示）；

⑨ 详图索引符号；

⑩ 施工说明等。

4. 建筑平面图基本图例

★ 门　代号 M，如：M1、M2、M3。(图 5－7)

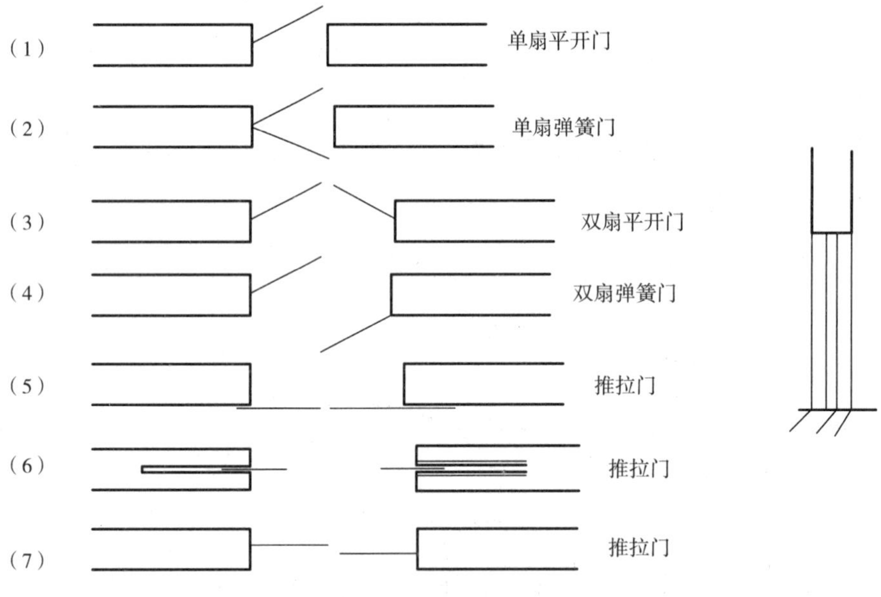

图 5－7

★ 窗　代号 C，如：C1、C2、C3。(图 5－8)

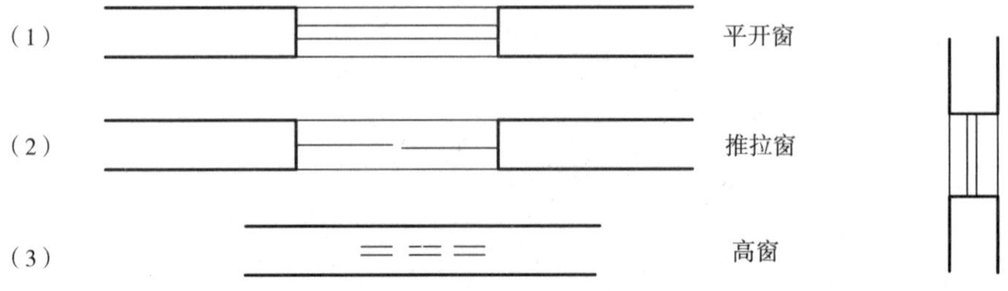

图 5－8

★ 楼梯间（图 5 - 9）

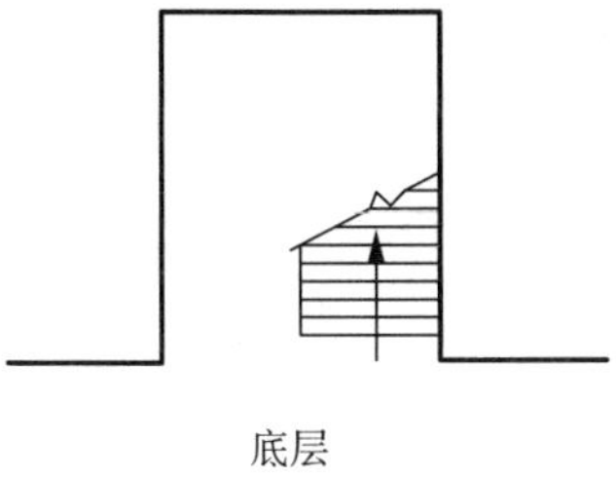

图 5 - 9

★ 墙上预留洞（图 5 - 10）

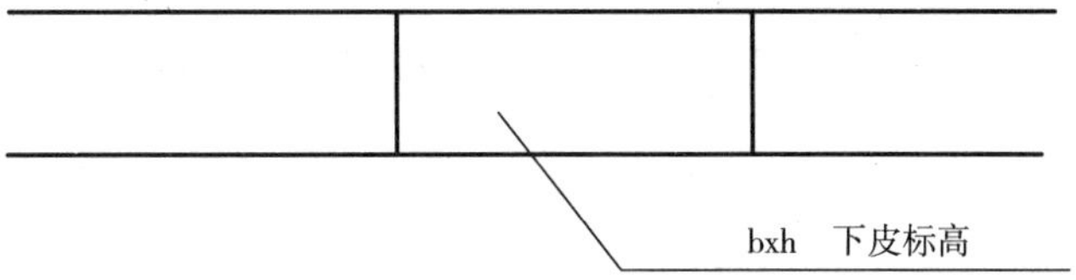

图 5 - 10

★ 墙上预留槽（图 5 - 11）

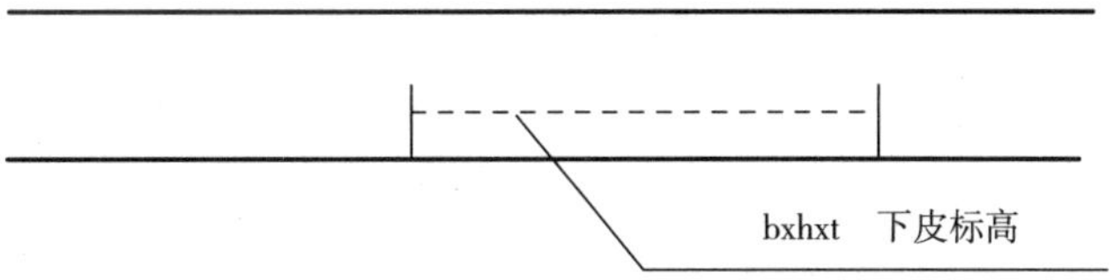

图 5 - 11

5. 建筑平面图识读要点

① 熟悉图例，了解图名、比例。

② 熟悉定位轴线与墙、柱的关系。

③ 熟悉各道尺寸及标高。

④ 熟悉图中门窗与门窗表中的门窗的尺寸、数量，并注意所选的标准图案。

⑤ 熟悉楼梯的形状、走向和级数。

⑥ 熟悉其他构件（台阶、雨篷、阳台等）的位置、尺寸及厨房、卫生间等设施的布置。

6. 建筑平面图识读举例

建筑平面图识读，如图 5 - 12、图 5 - 13 所示。

7. 屋顶平面图识读

屋顶平面图的图示内容，主要表明屋顶的形状、屋面排水方向与坡度以及檐沟、女儿墙、屋脊线、落水口、水箱及其他构筑物的位置和索引符号等，如图 5 - 14 所示。

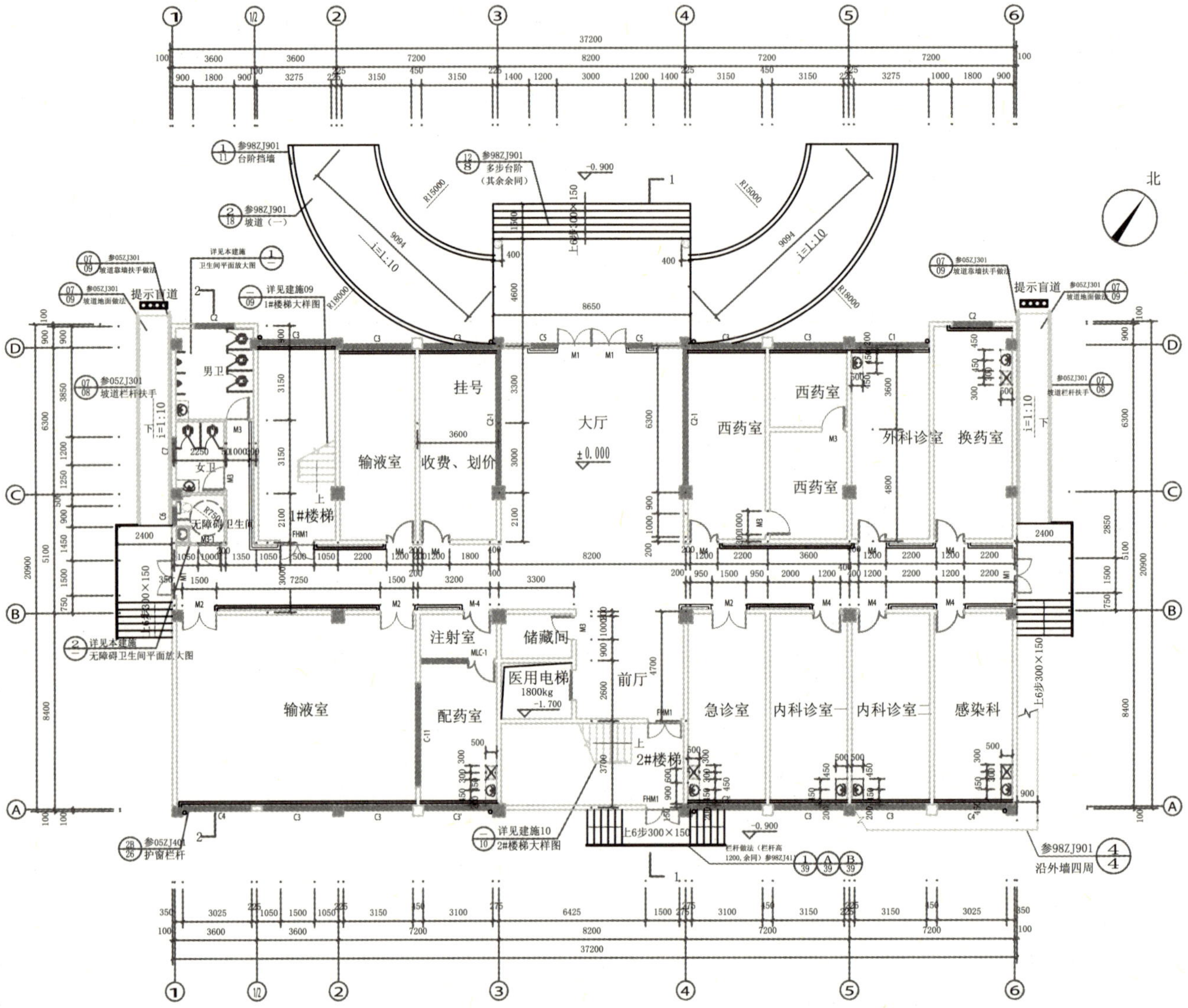

一层平面图1：100

图 5-12　一层平面图

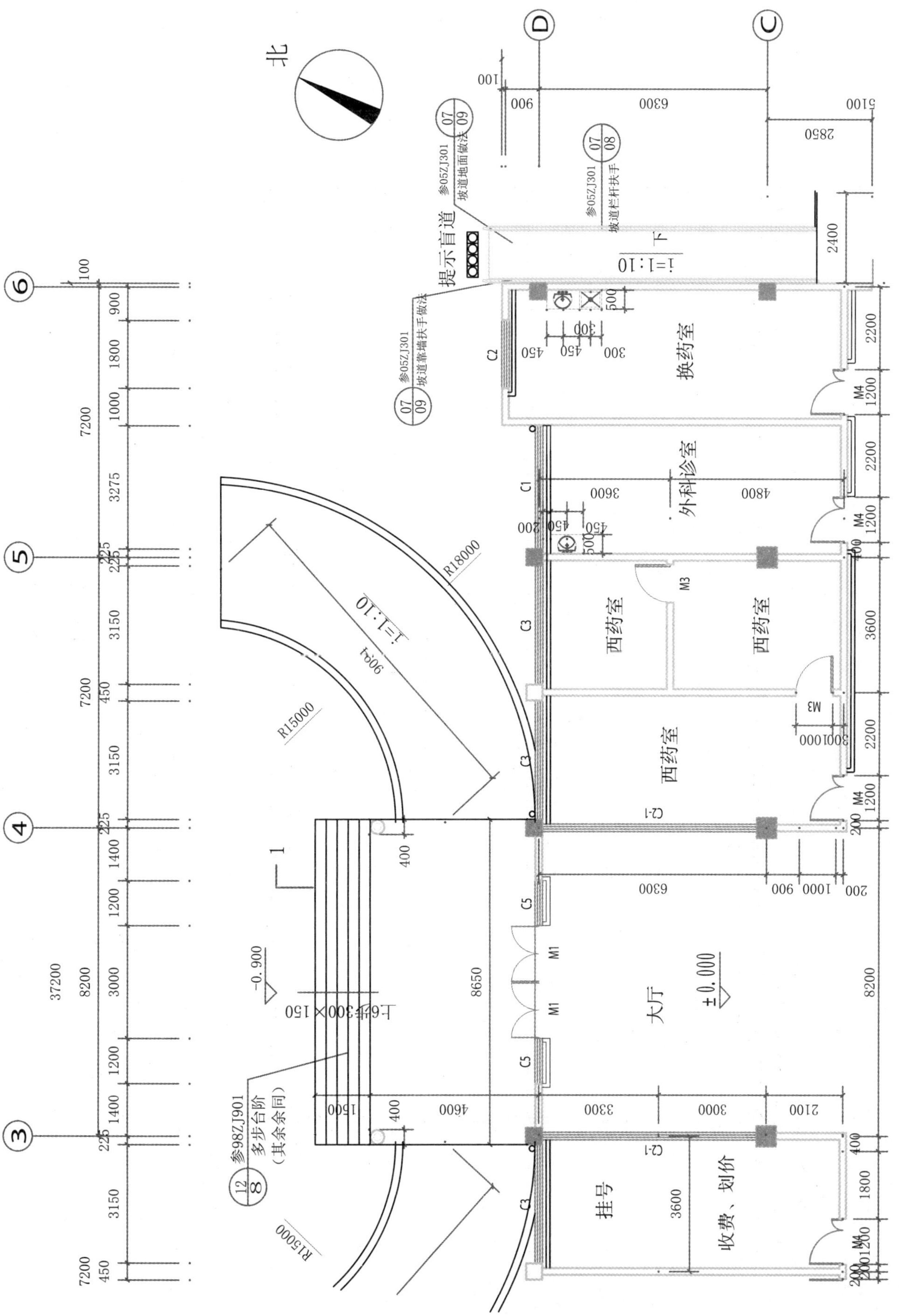

图5-13　一层平面图局部

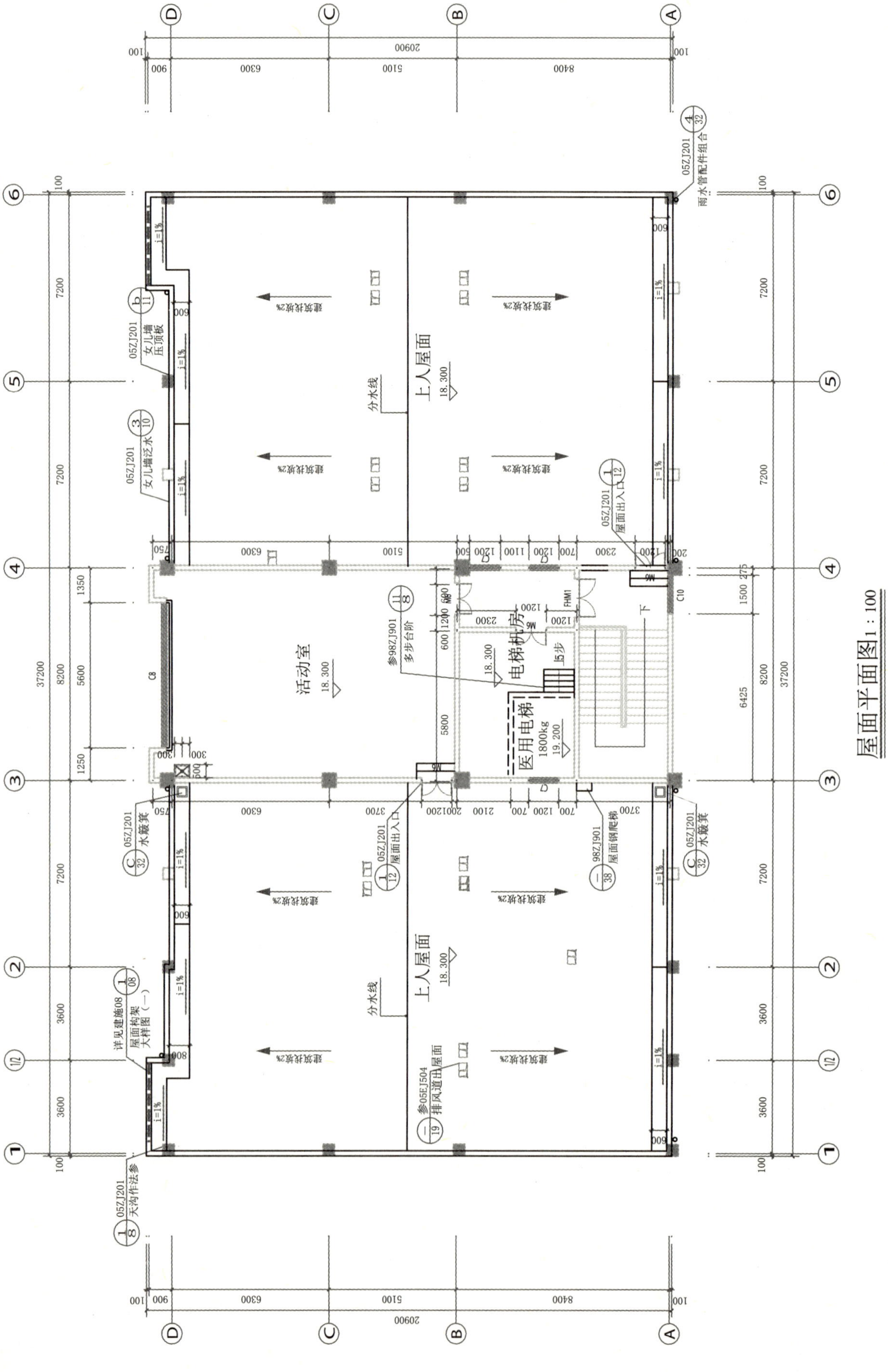
屋面平面图1:100
上人屋面
18.300
活动室
18.300
电梯机房
18.300
医用电梯
1800kg
19.200
分水线
建筑找坡2%
i=1%
05ZJ201 女儿墙压顶板
05ZJ201 女儿墙泛水
05ZJ201 水簸箕
05ZJ201 屋面出入口
05ZJ201 雨水管配件组合
05ZJ201 天沟作法参
参98ZJ901 多步台阶
98ZJ901 屋面钢爬梯
参05EJ504 排风道出屋面
详见建施08 屋面构架大样图（一）
37200
20900

图5-14 屋面平面图

任务四　建筑立面图识图制图

1. 建筑立面图的形成

建筑立面图是在与房屋立面平行的投影面上所作的正投影图，如图 5－15 所示。

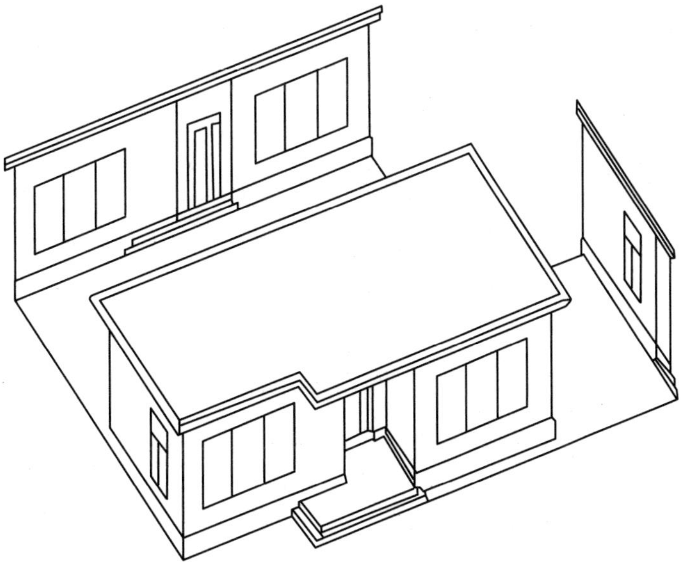

图 5－15　建筑立面图的形成

2. 建筑立面图的命名方式

① 以朝向命名；

② 以正、背、侧命名；

③ 以定位轴线命名。

3. 建筑立面图的内容

立面图反映建筑外貌，室内的构造与设施均不画出。由于图的比例较小，不能将门窗和建筑细部详细表示出来，图上只是画出其基本轮廓，或用规定的图例加以表示，如图 5－16 所示。

4. 建筑立面图的表示方法

① 定位轴线；

② 图线；

③ 比例与图例；

④ 立面图上外墙面的装修做法，一般用文字加以说明；

⑤ 详图索引符号的要求同平面图；

⑥ 尺寸标注。

5. 建筑立面图的识读

① 了解图名及比例；

② 了解立面图与平面图的对应关系；

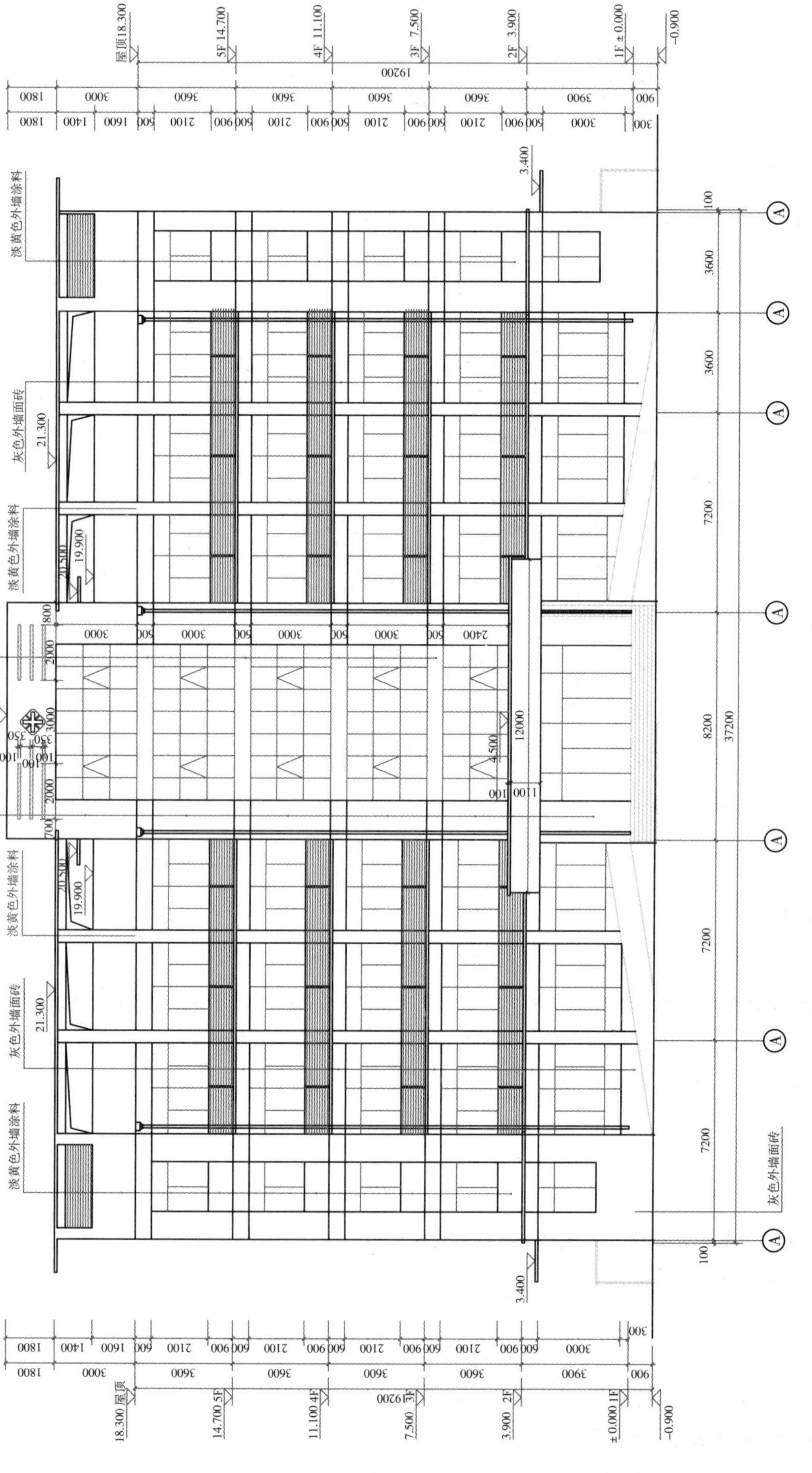

⑥—①立面图1 : 100

图5-16 建筑立面图

③ 了解房屋的外貌特征；

④ 了解房屋的竖向标高；

⑤ 了解房屋外墙面的装修做法。

任务五　建筑剖面图识图制图

1. 建筑剖面图的形成

假想用一个正立投影面或侧立投影面的平行面将房屋剖切开，移去剖切平面与观察者之间的部分，将剩下部分按正投影的原理投射到与剖切平面平行的投影面上，得到的图称为剖面图，如图 5－17 所示。剖面图分为横剖面图和纵剖面图。

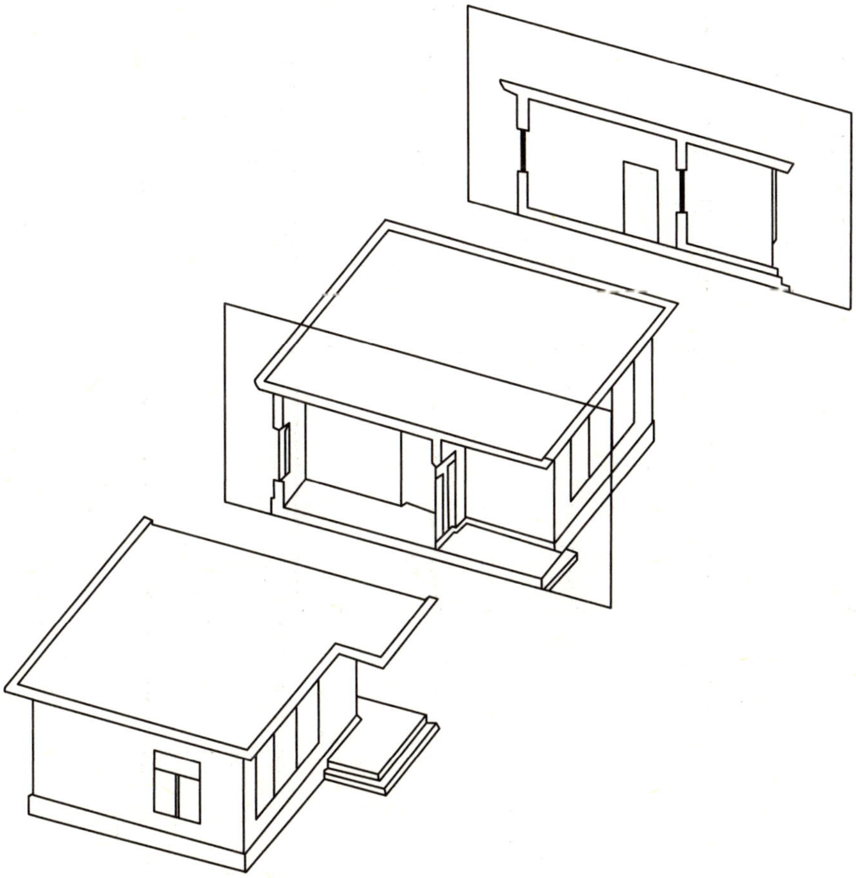

图 5－17　建筑剖面图的形成

2. 建筑剖面图的图示内容

主要表示房屋的内部结构、分层情况、各层高度、楼面和地面的构造以及各配件在垂直方向的相互关系等内容。(图 5－18)

剖面图的剖切位置应选在能反映内部构造的部位，并能通过门窗洞口和楼梯间。

剖面图的投影方向及视图名称应与平面图上的标注保持一致。

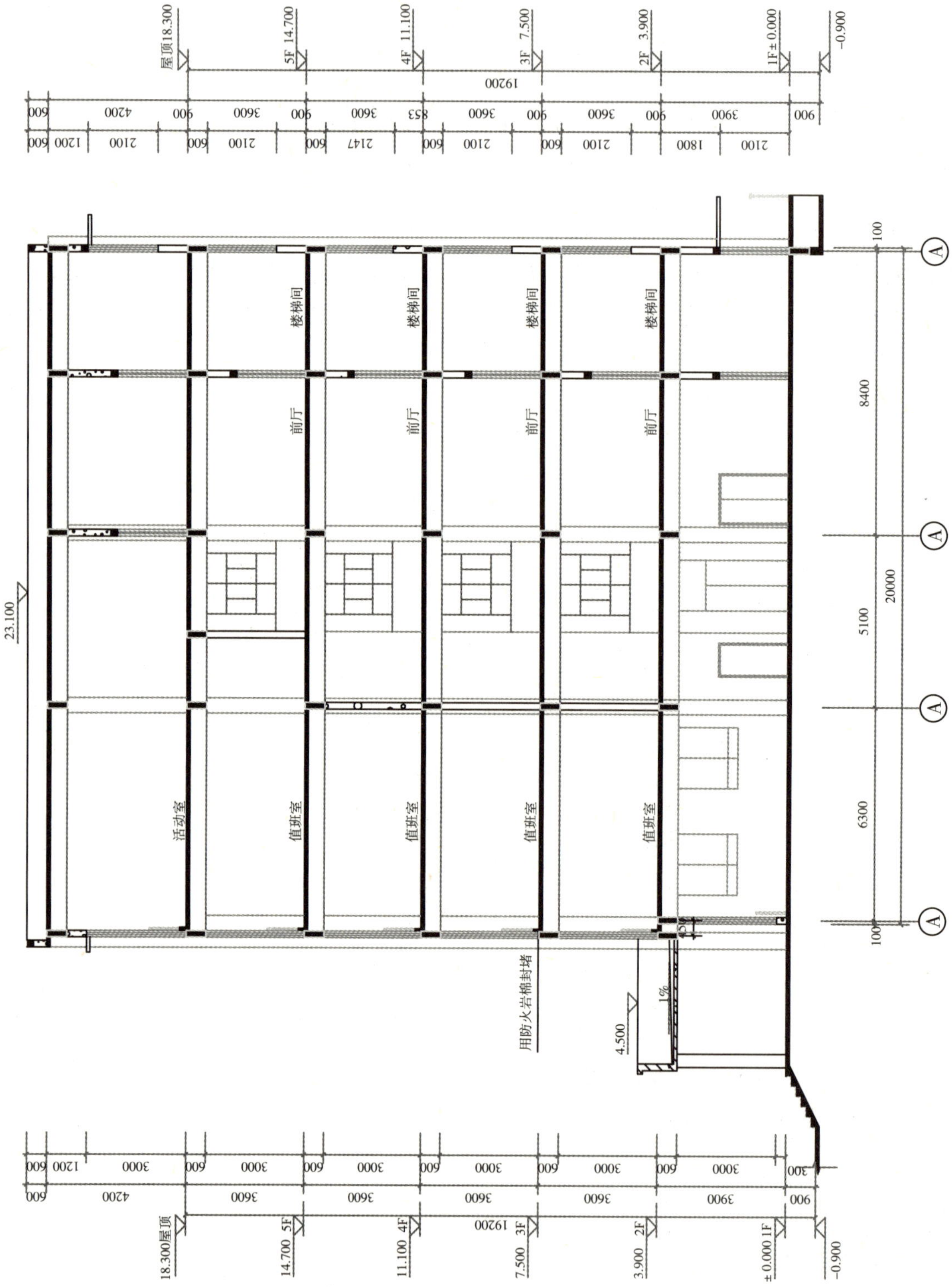

1—1剖面图1：100

图5-18 建筑剖面图

3. 建筑剖面图的表示方法

① 定位轴线；

② 图线；

③ 比例和图例；

④ 剖切位置与数量的选择；

⑤ 尺寸标注；

⑥ 楼、地面各层构造做法；

⑦ 详图索引符号。

4. 建筑剖面图的识读

① 了解图名及比例；

② 了解剖面图与平面图的对应关系；

③ 了解房屋的结构形式；

④了解主要标高和尺寸；

⑤了解屋面、楼面、地面的构造层次及做法；

⑥了解屋面的排水方式；

⑦了解索引详图所在的位置及编号。

任务六 建筑楼梯详图识图制图

1. 建筑详图的形成

建筑平、立、剖反映了房屋的全貌，但由于绘图的比例小，一些细部的构造、做法、所用材料不能直接表达清楚，为了适应施工的需要，需将这些部分用较大的比例单独画出，这样的图称为建筑详图，简称详图。

2. 建筑详图的特点

① 比例大；

② 图示内容详尽清楚；

③ 尺寸标注齐全、文字说明详尽。

3. 建筑详图的作用

建筑详图是建筑细部的施工图，是对建筑平面、立面、剖面图等基本图样的深化和补充，是建筑工程的细部施工、建筑构配件的制作及编制预算的依据。

4. 建筑详图的分类

楼梯详图、门窗详图等。

5. 建筑详图的主要内容

① 图名（或详图符号）、比例；

② 表达出构配件各部分的构造连接方法及相对位置关系；

③ 表达出各部位、各细部的详细尺寸；

④ 详细表达构配件或节点所用的各种材料及其规格；

⑤ 有关施工要求、构造层次及制作方法说明等。

6. 楼梯详图

楼梯详图上应画出楼梯平面图、楼梯剖面图，某些细部仍未表达清楚的地方，还应针对这些局部进一步画出局部详图，如图 5－20、图 5－21、图 5－22 所示。

① 楼梯平面图：楼梯间部分的局部放大图。通常要画底层平面图、一个中间层平面和顶层平面图。

各层平面图的剖切位置如图 5－19 所示。

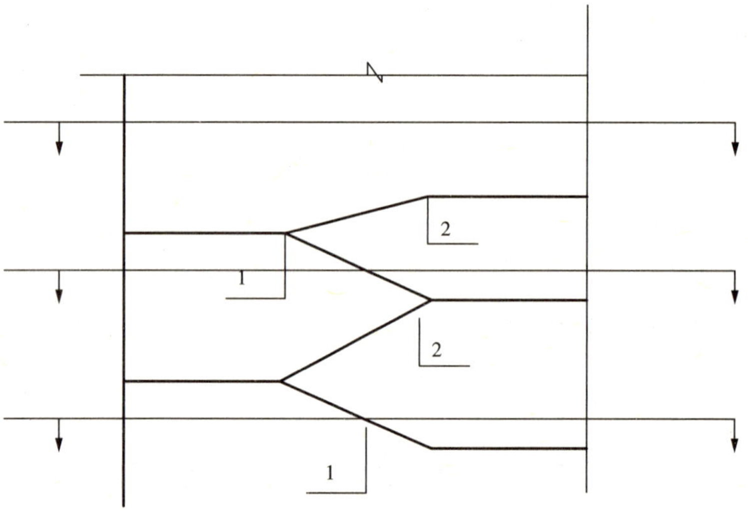

图 5－19　各层平面图的剖切位置

在楼梯平面图中，为了表示各个楼层的楼梯的上下方向，可在梯段上用指示线和箭头表示，并以各自楼层的楼（地）面为准，在指示线端部注写“上”和“下”。因顶部楼梯平面中没有向上的梯段，故只有“下”。

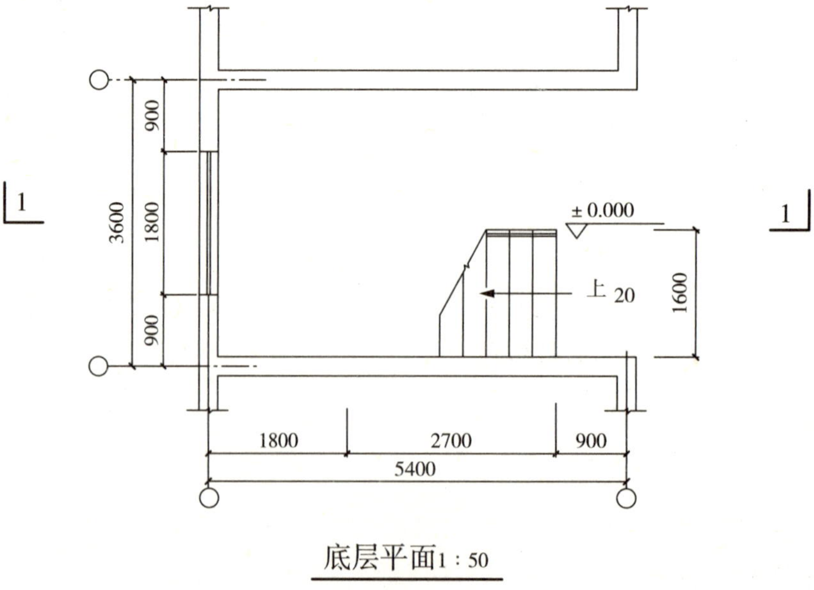

图 5－20　楼梯底层平面图

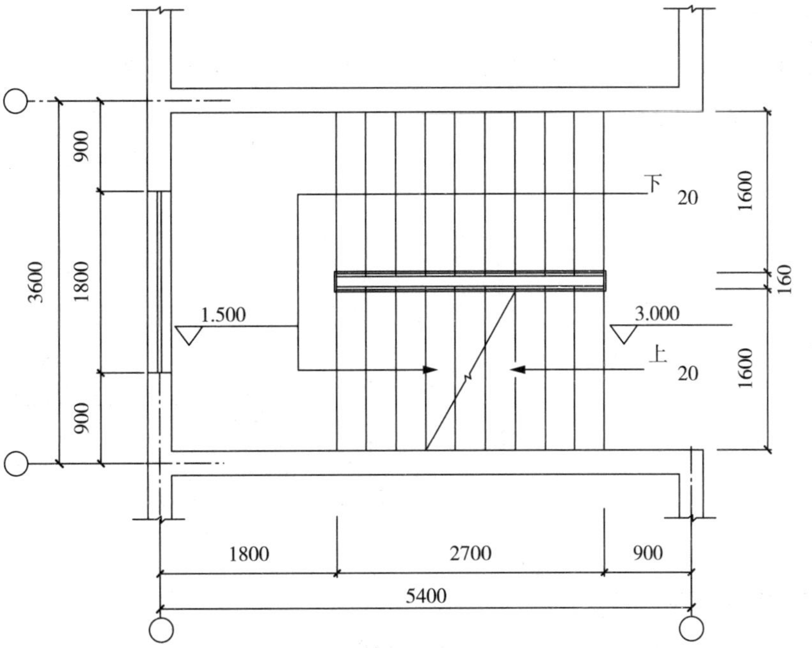

二层平面1：50

图 5－21　楼梯中间层平面图

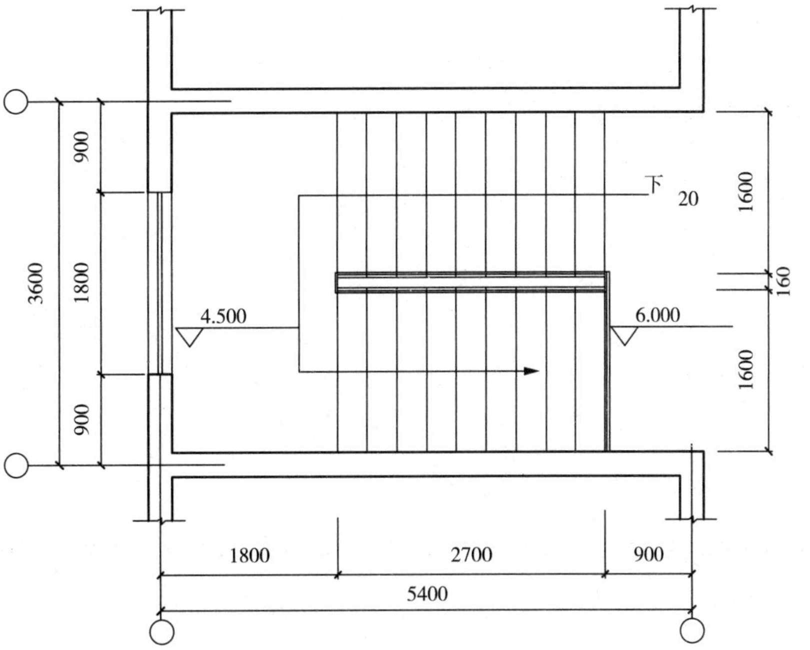

顶层平面1：50

图 5－22　楼梯顶层平面图

② 楼梯剖面图

楼梯剖面图是楼梯垂直剖面图的简称，其剖切位置应通过各层的一个梯段和门窗洞口，向另一未剖到的梯段方向投影所得到的剖面图。

楼梯剖面图主要表达楼梯的梯段数、踏步数、类型及结构形式，表示各梯段、平台、栏杆等的构造及它们的相互关系，如图 5－23 所示。

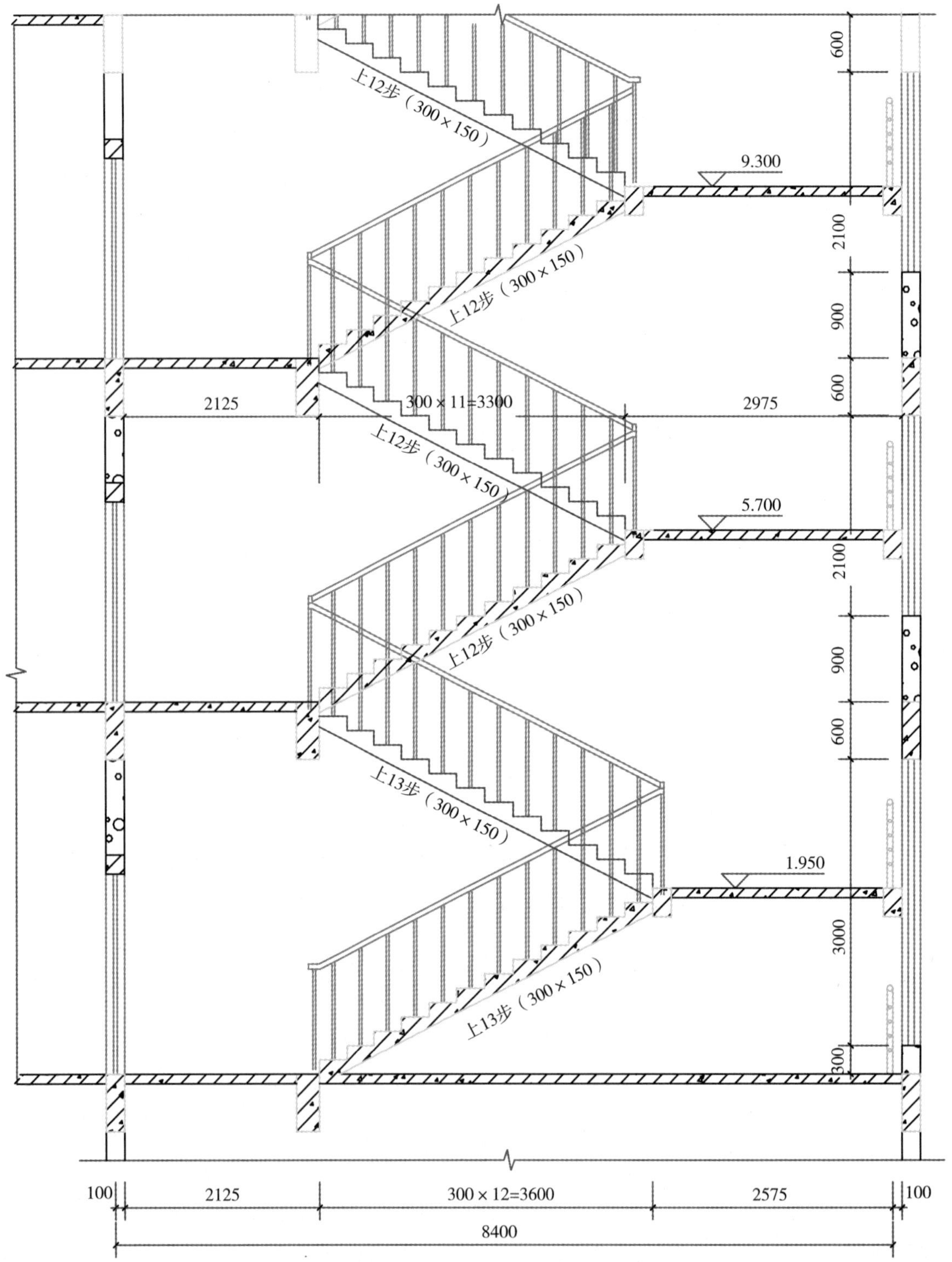

图 5－23　楼梯剖面图

7. 木门窗详图

① 单扇平开木门，如图 5－24 所示。

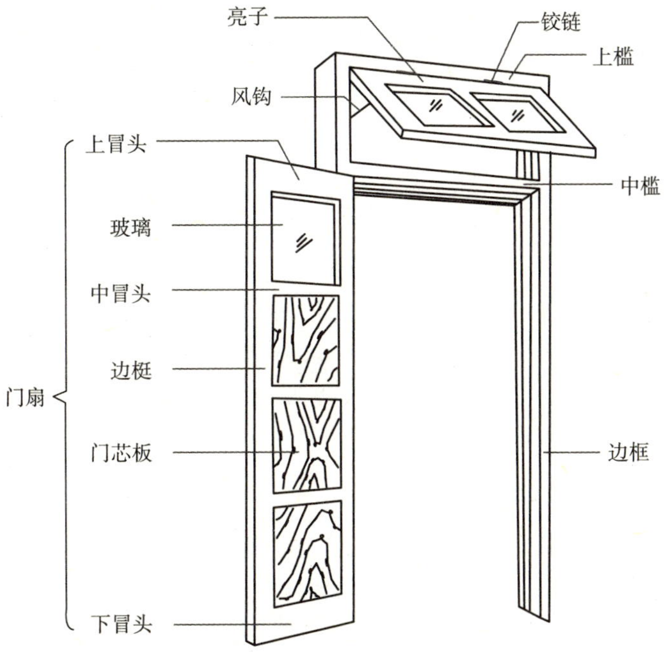

图 5－24　单扇平开木门

② 三扇平开木窗，如图 5－25 所示。

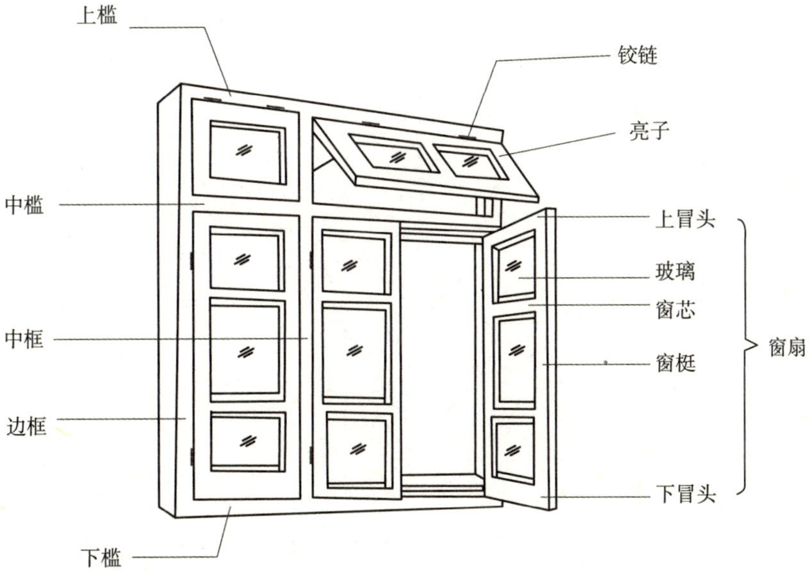

图 5－25　三扇平开木窗

门窗详图一般由门窗立面图、节点详图、门窗五金表及文字说明等组成。

★ 实践项目

练习　全套建筑施工图抄绘（图 5－12，图 5－26 至图 5－31）

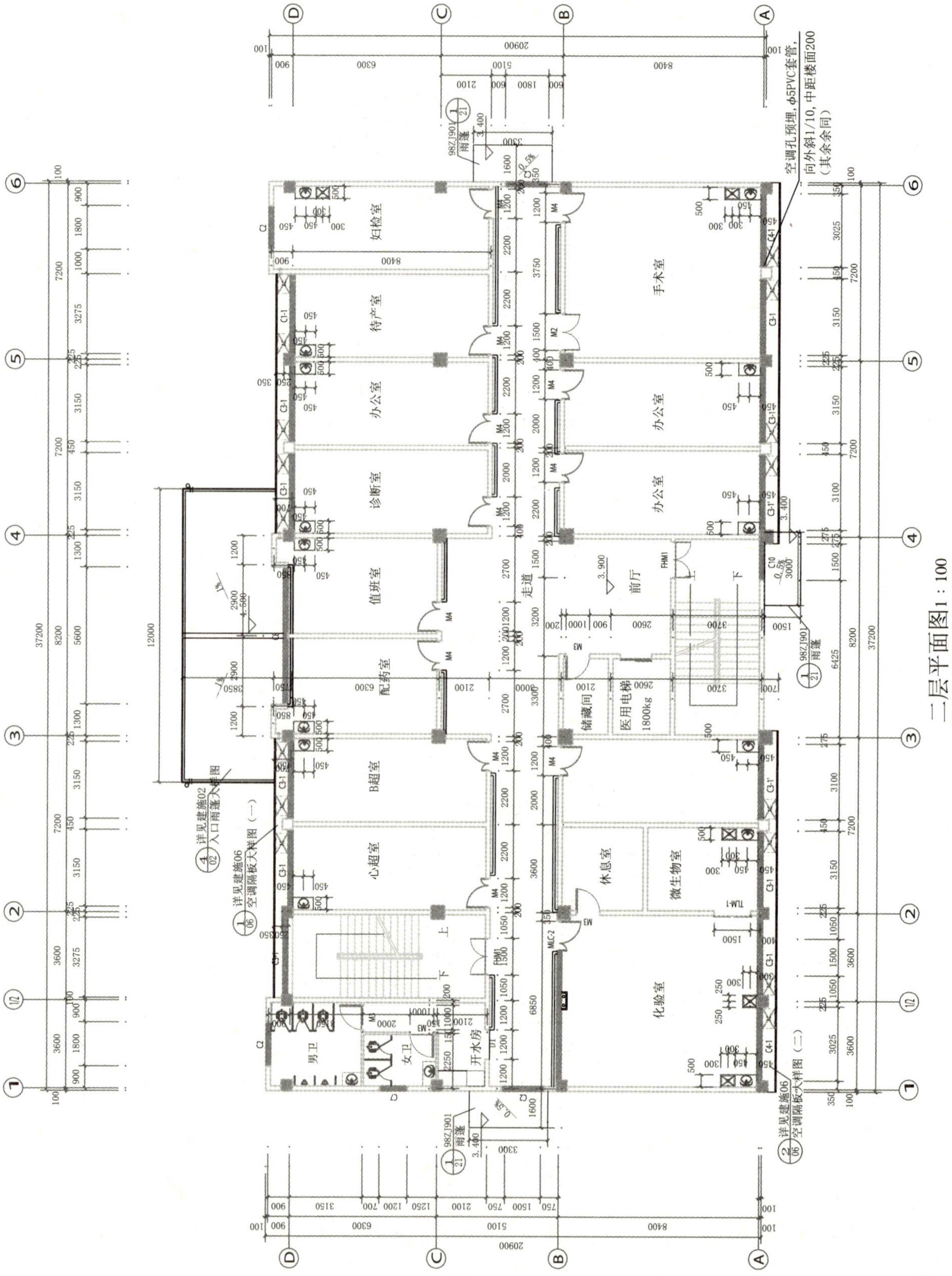
二层平面图1:100
妇检室
待产室
办公室
诊断室
值班室
配药室
B超室
心超室
男卫
女卫
开水房
手术室
办公室
办公室
前厅
走道
储藏间
医用电梯
1800kg
休息室
微生物室
化验室
空调孔预埋，Φ5PVC套管，
向外斜1/10，中距楼面200
（其余余同）

图5-26 二层平面图

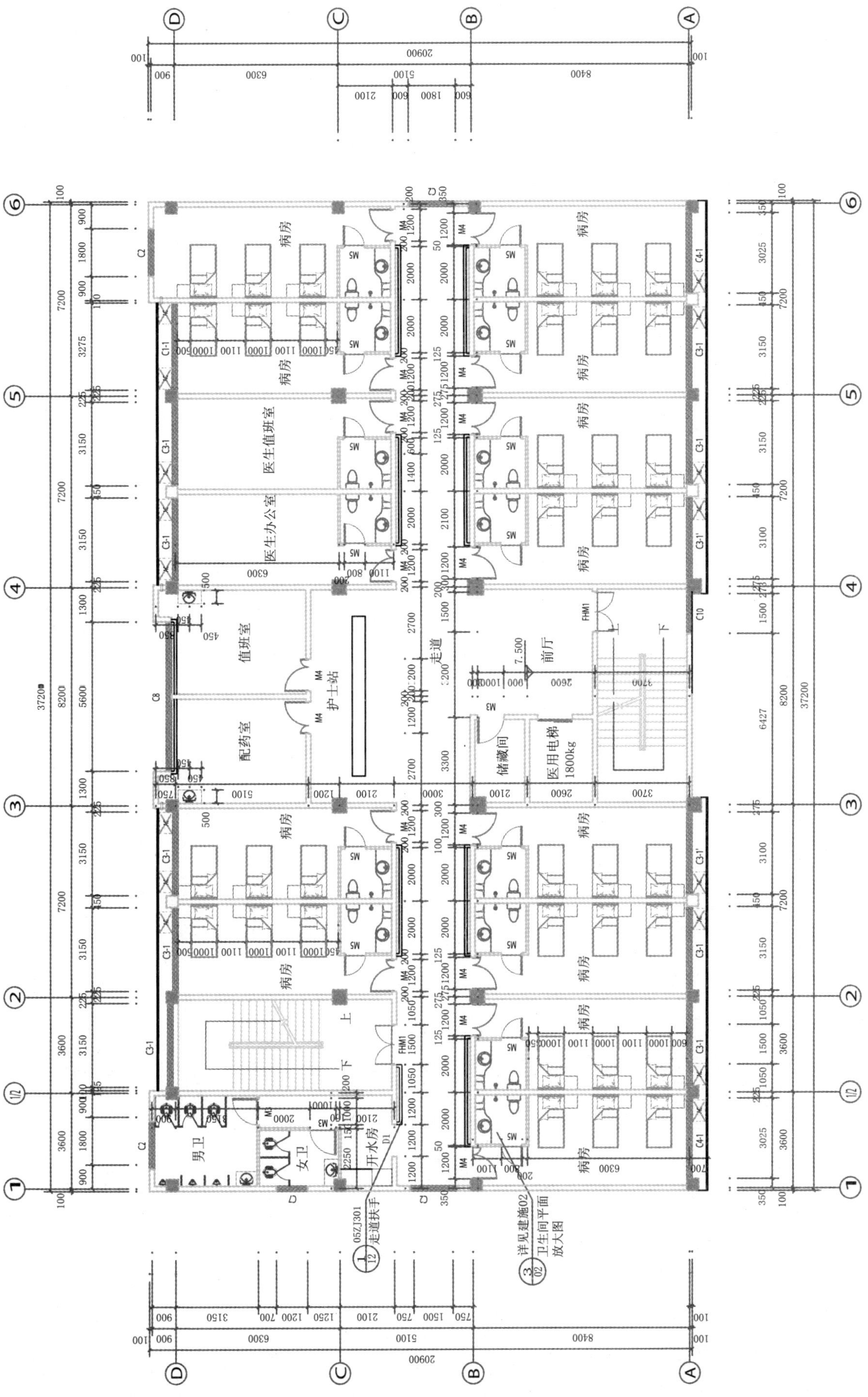

三层平面图 1:100

图5-27　三层平面图

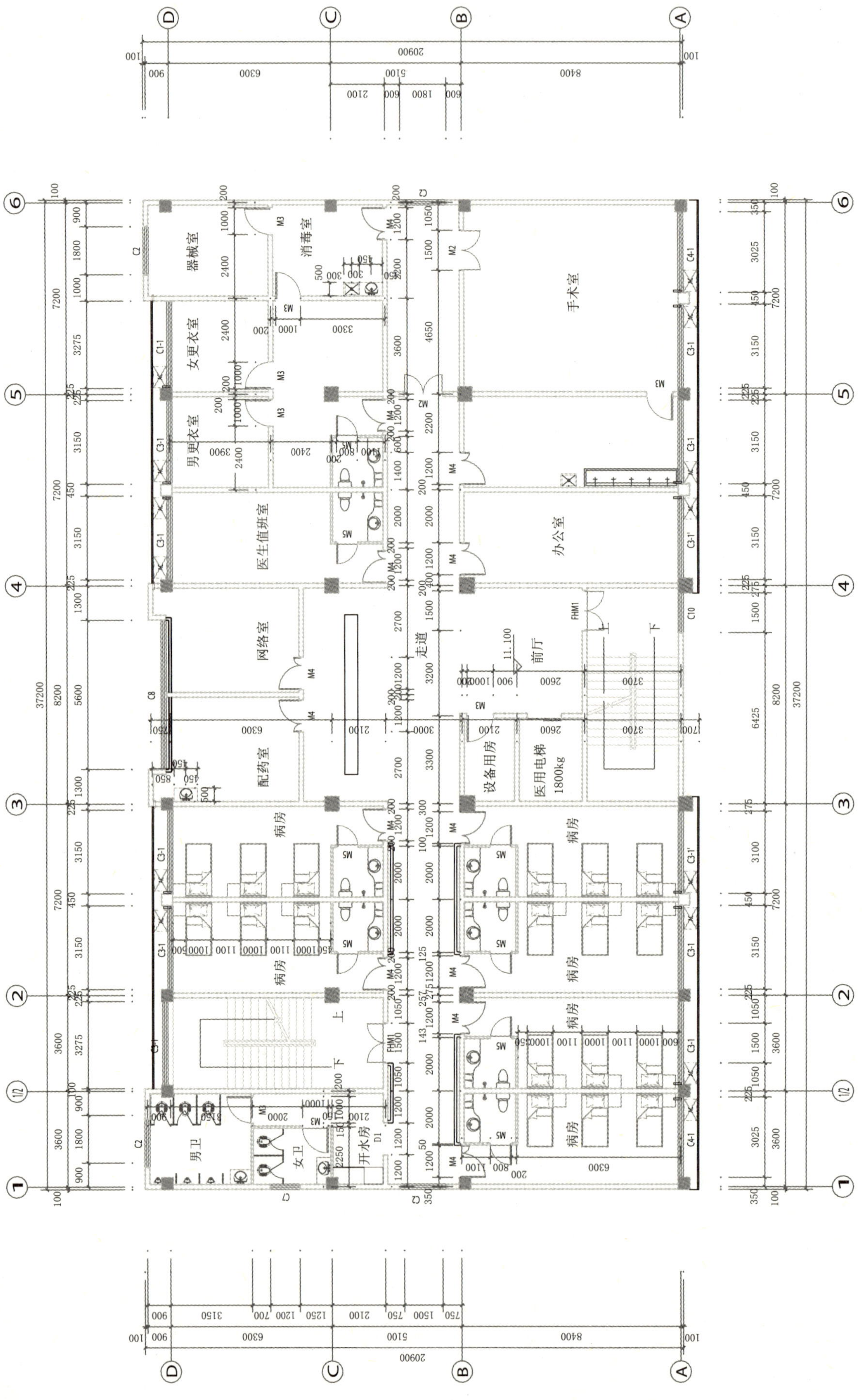

四层平面图1:100

图5-28 四层平面图

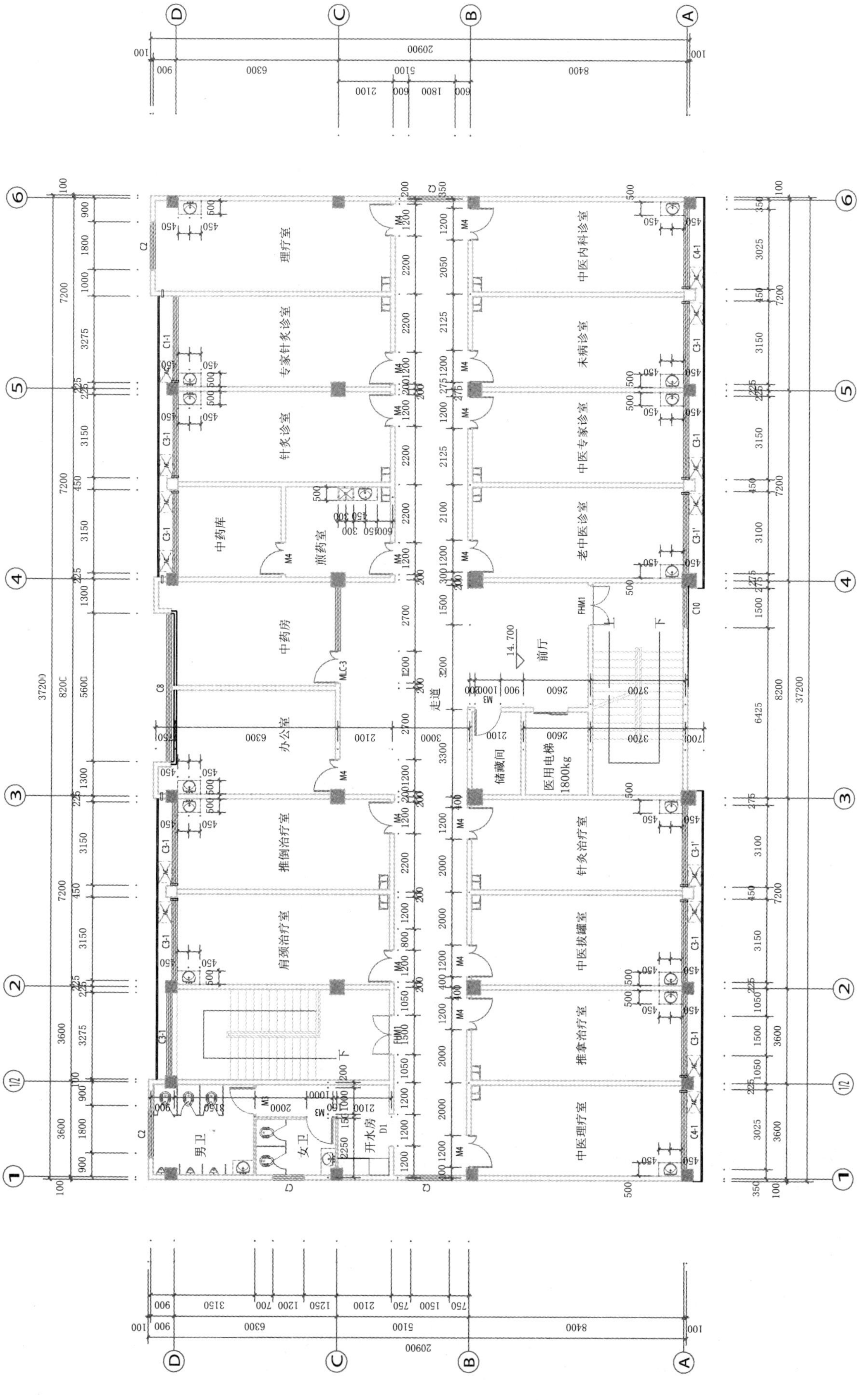

五层平面图1：100

图5-29　五层平面图

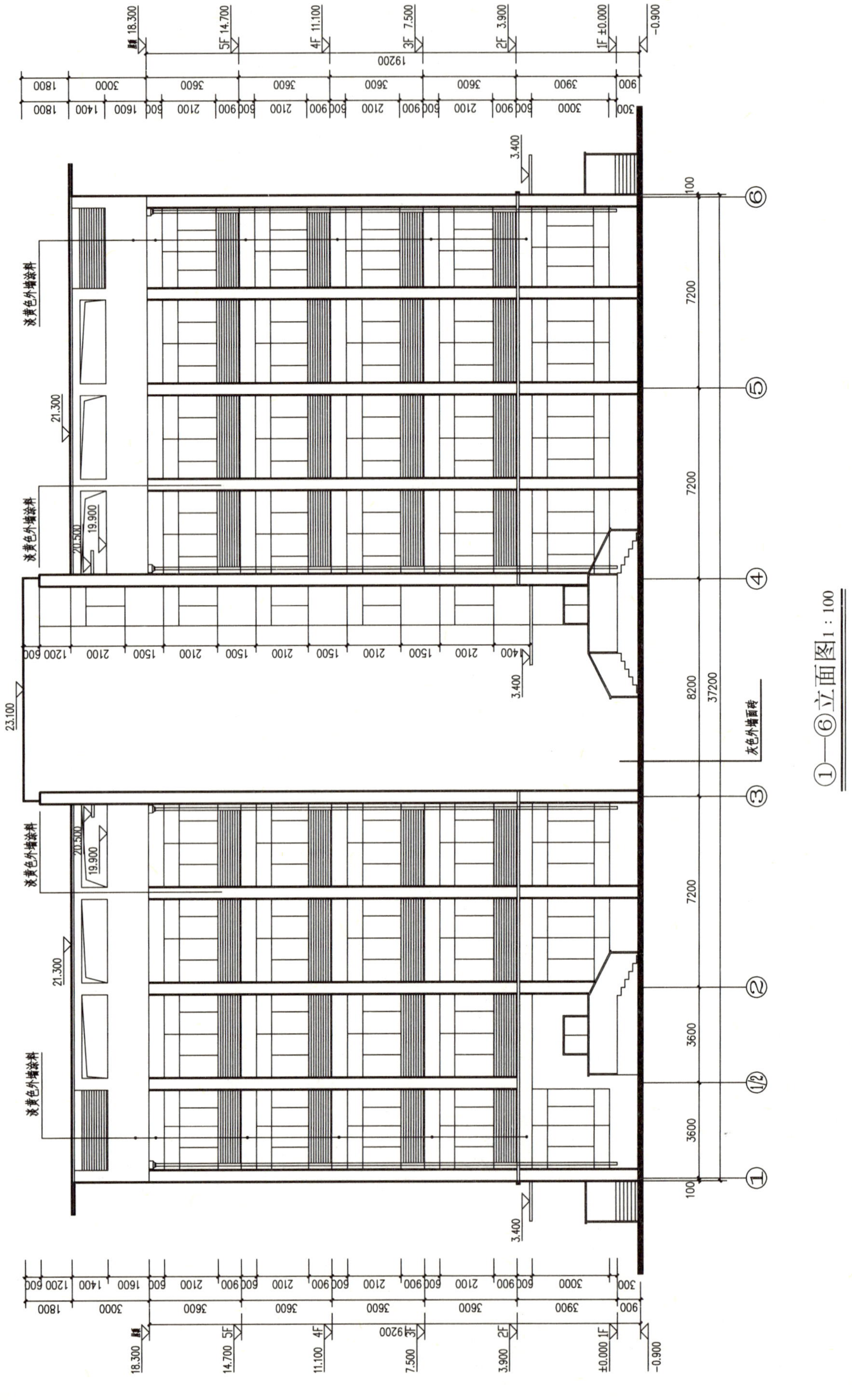
①—⑥立面图1:100
淡黄色外墙涂料
淡黄色外墙涂料
淡黄色外墙涂料
淡黄色外墙涂料
灰色外墙面砖
37200
19200

图5-30

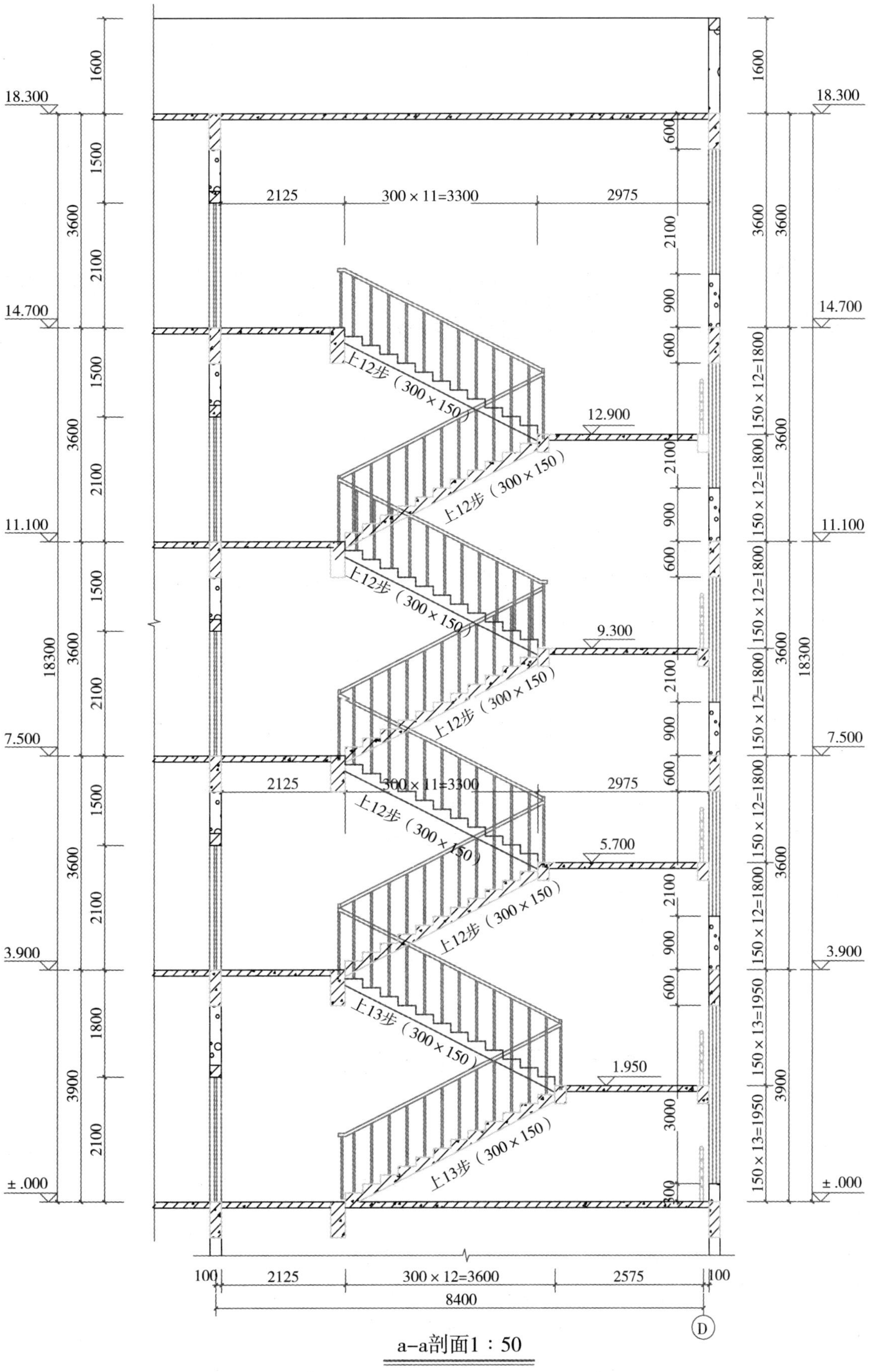
18.300
14.700
11.100
7.500
3.900
±.000
2125
300×11=3300
2975
12.900
9.300
5.700
1.950
上12步（300×150）
上13步（300×150）
150×12=1800
150×13=1950
18300
3600
3900
1600
1500
2100
1800
600
900
3000
100
300×12=3600
2575
8400
D
a-a剖面1：50

图 5－31　楼梯剖面图

6 模块六 室内制图基础

装饰施工图是用于表达建筑物室内外装饰美化要求的图样。

装饰施工图是以透视效果图为主要依据，采用正投影等投影法反映建筑的装饰结构、装饰造型、饰面处理，以及反映家具、陈设、绿化等布置内容。

图纸内容一般有平面布置图、顶棚平面图、装饰立面图、装饰剖面图和节点详图等。

装饰施工图的特点：

① 装饰施工图是在建筑施工图的基础上，结合环境艺术设计的要求，更详细地表达了建筑空间的装饰做法及整体效果。

② 装饰施工图与建筑施工图的图示方法、尺寸标注、图例代号等基本相同。

③ 装饰施工图既反映了墙、地、顶棚三个界面的装饰结构、造型处理和装修做法，又图示了家具、织物、陈设、绿化等的布置，乃至制作详图。

● **理论教学**

任务一 室内平面布置图识图制图

1. 室内平面布置图的形成

平面布置图是假想用一水平的剖切平面，沿需装饰的房间的门窗洞口处作水平全剖切，移去上面部分，对剩下部分所作的水平正投影图。

平面布置图的比例一般采用 1∶100、1∶80、1∶50，内容比较少时采用 1∶200。

剖切到的墙、柱等结构体的轮廓用粗实线表示，其他内容均用细实线表示。

2. 室内平面布置图示内容（图 6－1、图 6－2）

① 图上尺寸内容有三种：一是建筑结构体的尺寸；二是装饰布局和装饰结构的尺寸；三是家具、设备等的尺寸。

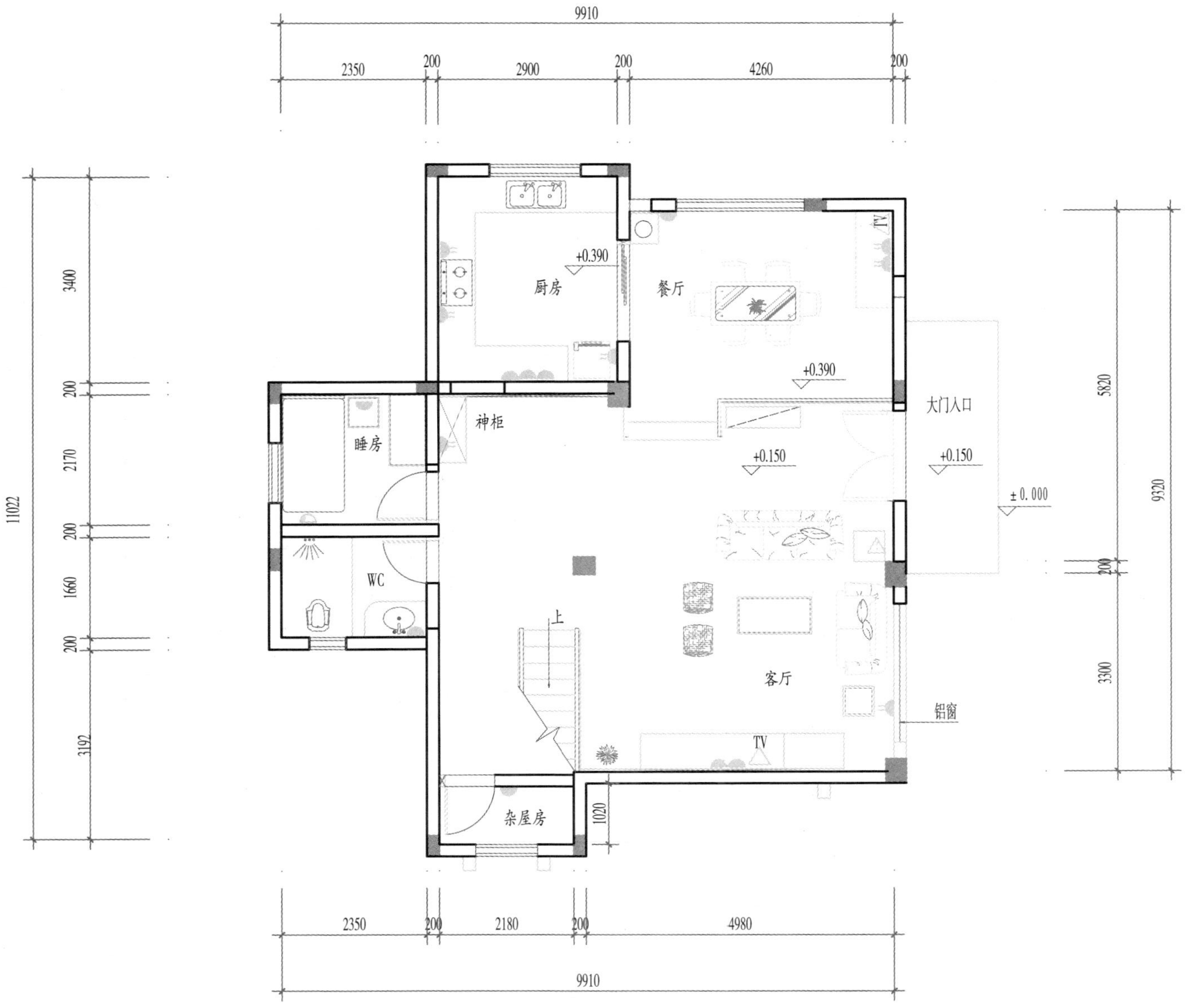

别墅首层平面设计图1：80

电器表

图样 SYMBOL	说明 DESCRIPTION
	空调插座
	13A插座
	三湘四线插
	电话插座
TV	电视插座
	宽频上网插座
	配电箱
A C	空调机

图6-1　别野首层平面设计图（1）

② 表明装饰结构的平面布置、具体形状及尺寸，表明饰面的材料和工艺要求。

③ 室内家具、设备、陈设、织物、绿化的摆放位置及说明。

④ 表明门窗的开启方式及尺寸。

⑤ 画出各面墙的立面投影符号（或剖切符号）。

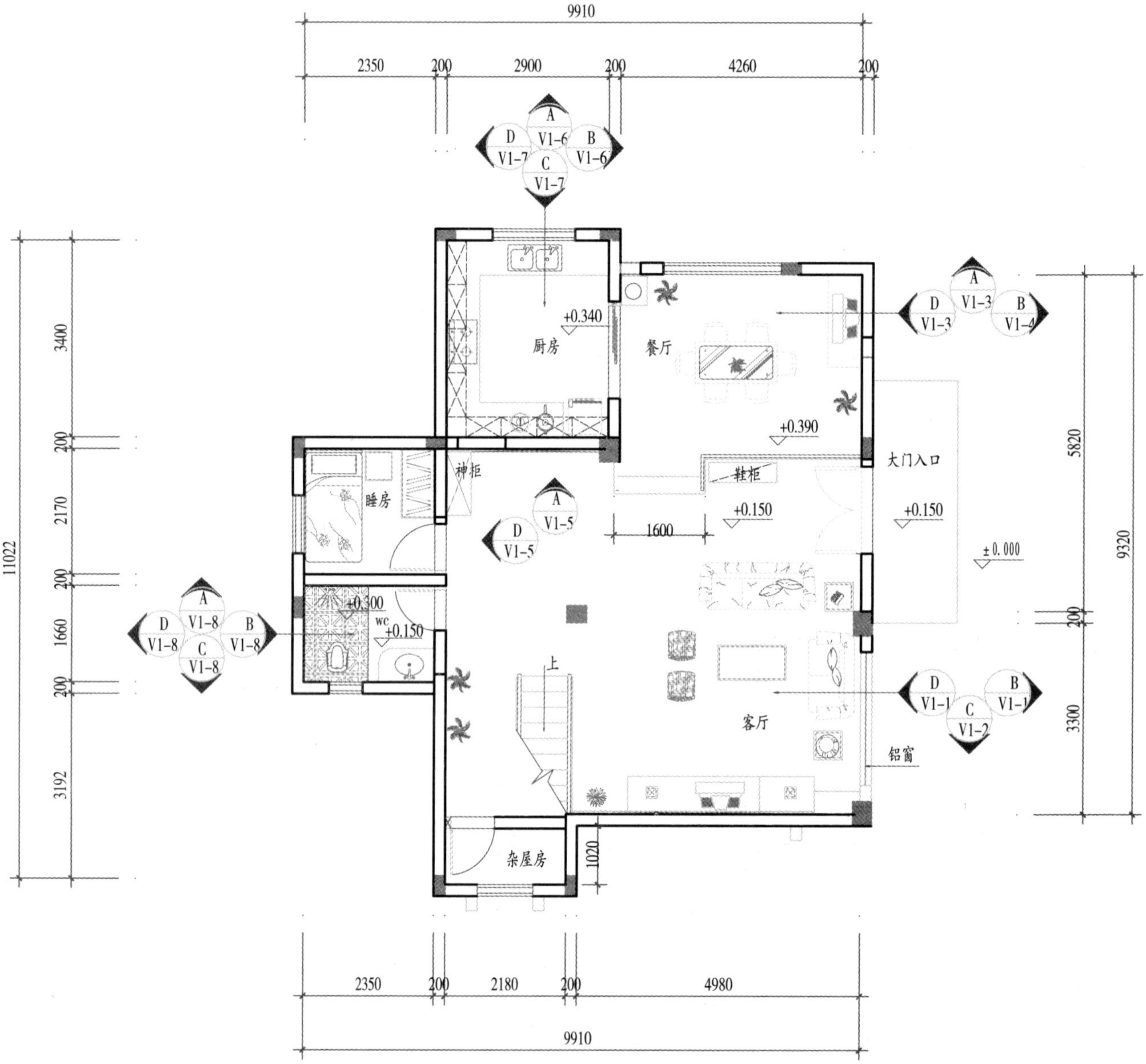

别墅首层平面设计图1：80

图 6－2　别墅首层平面设计图（2）

任务二　室内立面图识图制图

1. 室内装饰立面图的形成

将建筑物装饰的外观墙面或内部墙面向铅直的投影面所作的正投影图就是装饰立面图。

装饰立面图主要反映墙面的装饰造型、饰面处理，以及剖切到的顶棚的断面形状、投影到的灯具或风管等内容。

装饰立面图所用比例为 1∶100、1∶50 或 1∶40。室内墙面的装饰立面图一般选用较大比例，即 1∶80。

2. 室内装饰立面图示内容（图 6－3、图 6－4）

① 在图中用相对于本层地面的标高，标注地台、踏步等的位置、尺寸。

② 顶棚面的距地标高及其叠级（凸出或凹进）造型的相关尺寸。

③ 墙面造型的样式及饰面的处理。

④ 墙面与顶棚面相交处的收边做法。

⑤ 门窗的位置、形式及墙面、顶棚面上的灯具与其他设备。

⑥ 固定家具、壁灯、挂画等在墙面中的位置、立面形式和主要尺寸。

⑦ 墙面装饰的长度与范围，以及相应的定位轴线符号、剖切符号等。

⑧ 建筑结构的主要轮廓及材料图例。

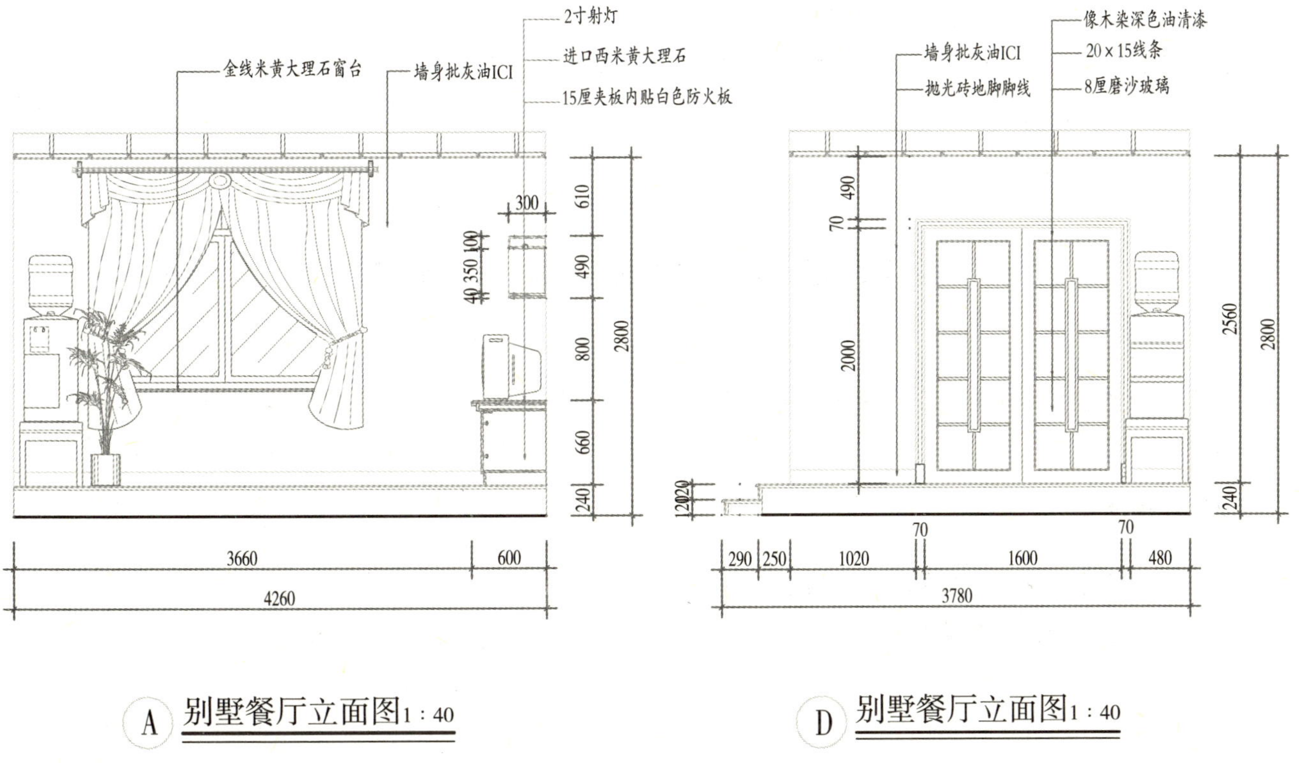

图 6－3　别墅餐厅立面图（1）

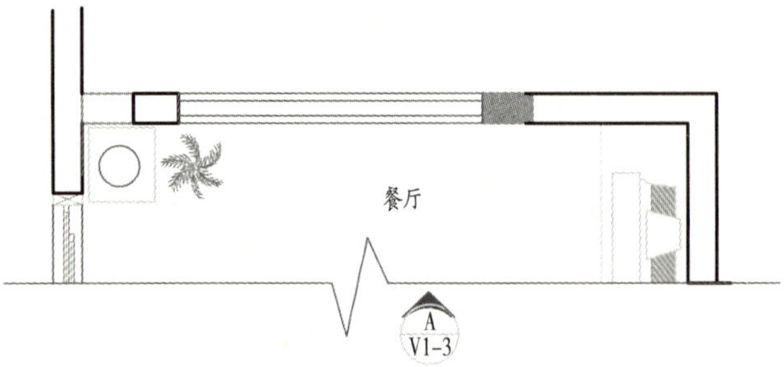

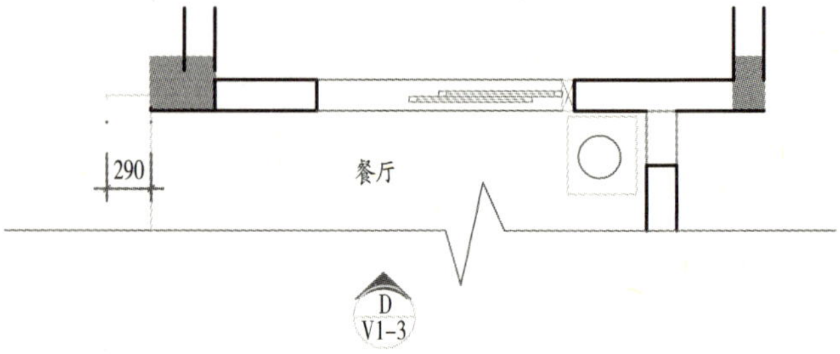

图 6－4　别墅餐厅立面图（2）

任务三　室内顶棚平面图识图制图

1. 室内顶棚平面图的形成

用一个假想的水平剖切平面，沿需装饰房间的门窗洞口处作水平全剖切，移去下面部分，对剩余的上面部分所作的镜像投影，就是顶棚平面图。

镜像投影是镜面中反射图像的正投影。

顶棚平面图用于反映房间顶面的形状、装饰做法及所属设备的位置、尺寸等内容。

2. 室内顶棚平面图示内容（图 6－5、图 6－6）

反映顶棚范围内的装饰造型及尺寸。

反映顶棚所用的材料规格、灯具灯饰、空调风口及消防报警等装饰内容及设备的位置等。

任务四　室内节点详图识图制图

节点详图是指对前面所述各种图样中的未明之处，用较大的比例画出的用于施工的图样（也称作大样图），如图 6－7 所示。

★ 实践项目

练习一　测量教室，并绘制教室室内平面图、立面图、顶棚平面图。

练习二　抄绘一套室内设计工程实例设计图。(图 6－1、图 6－3、图 6－4、图 6－6)

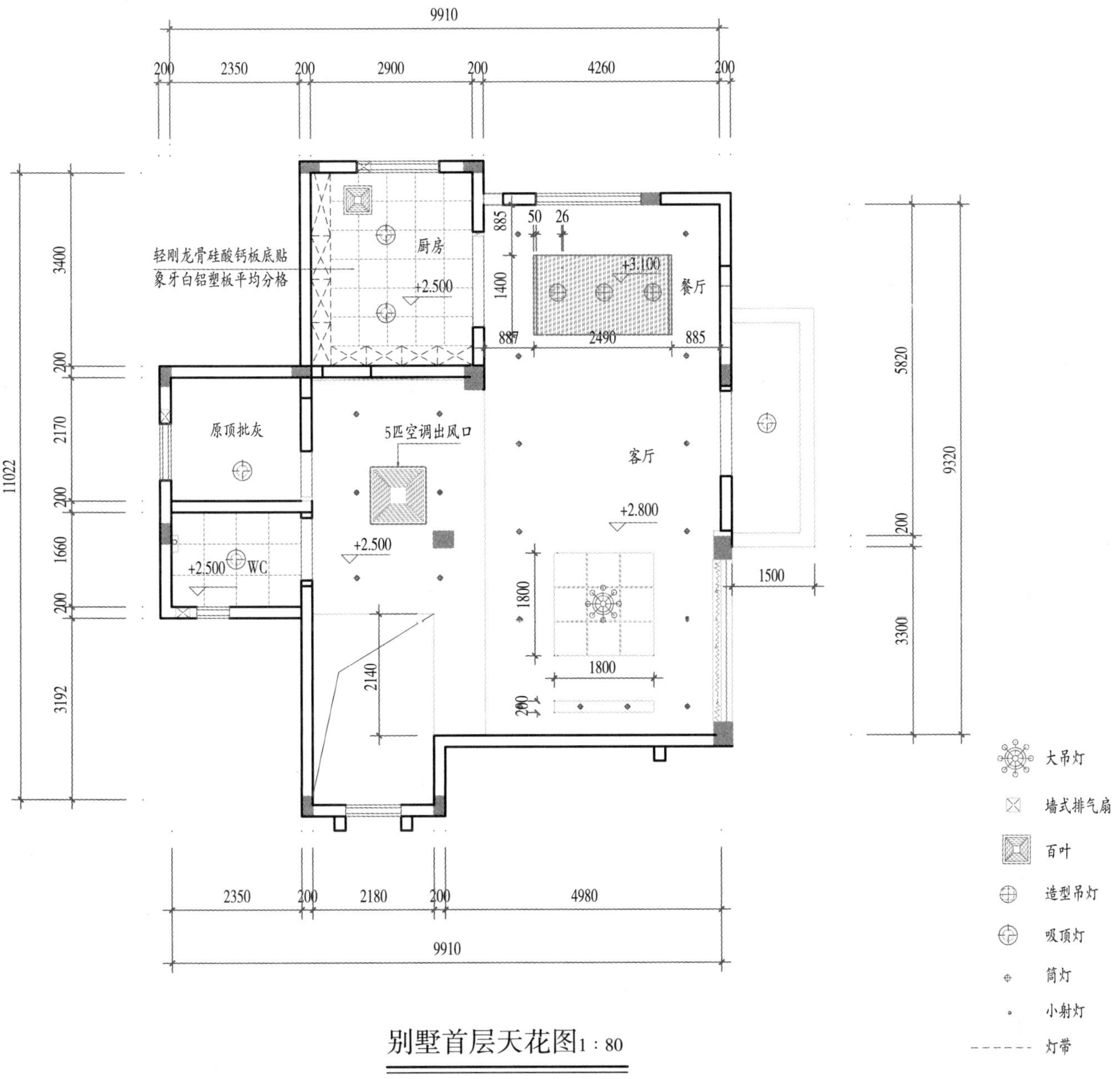

图 6－5　别墅首层天花图（1）

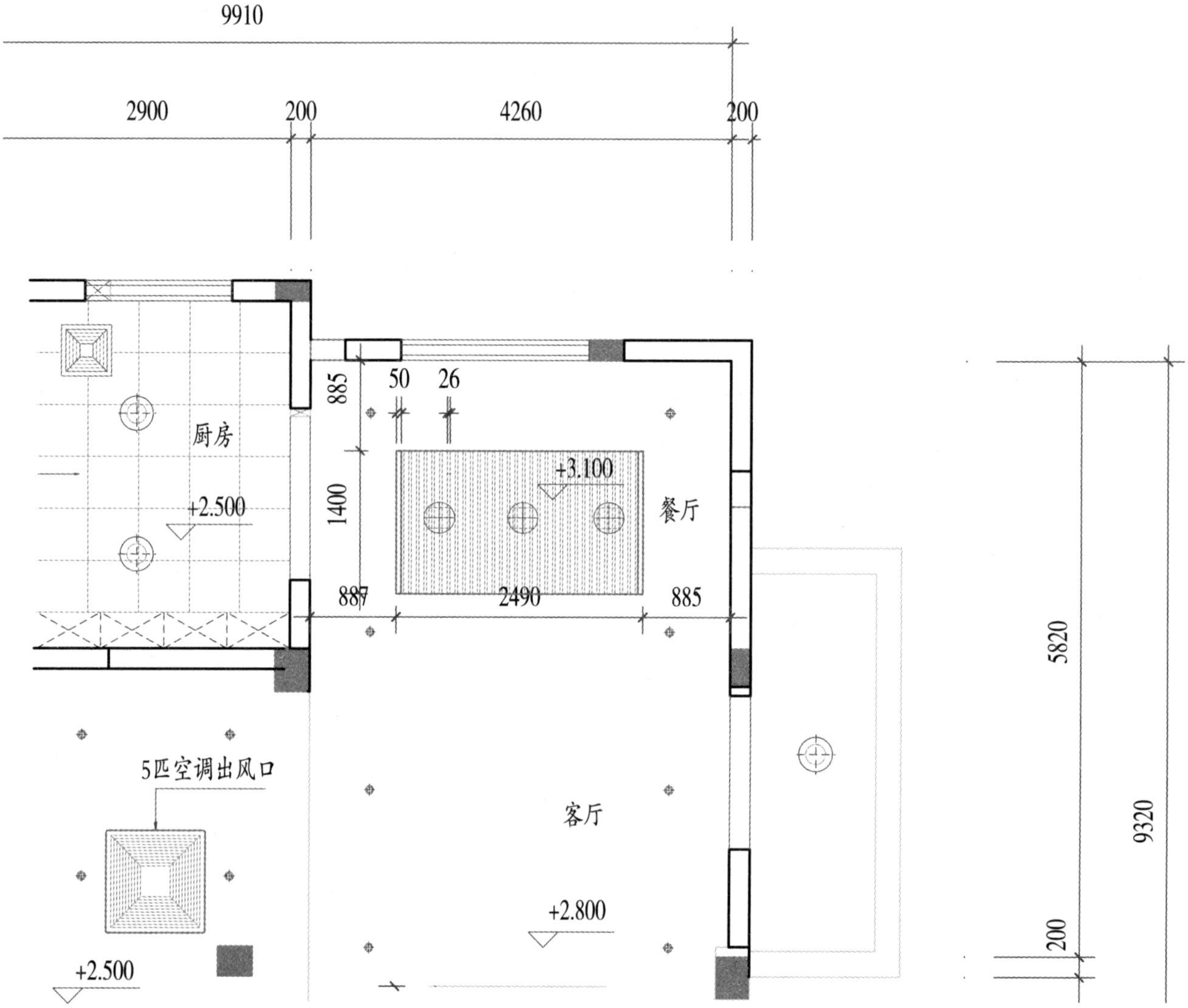

图 6-6　别墅首层天花图（2）

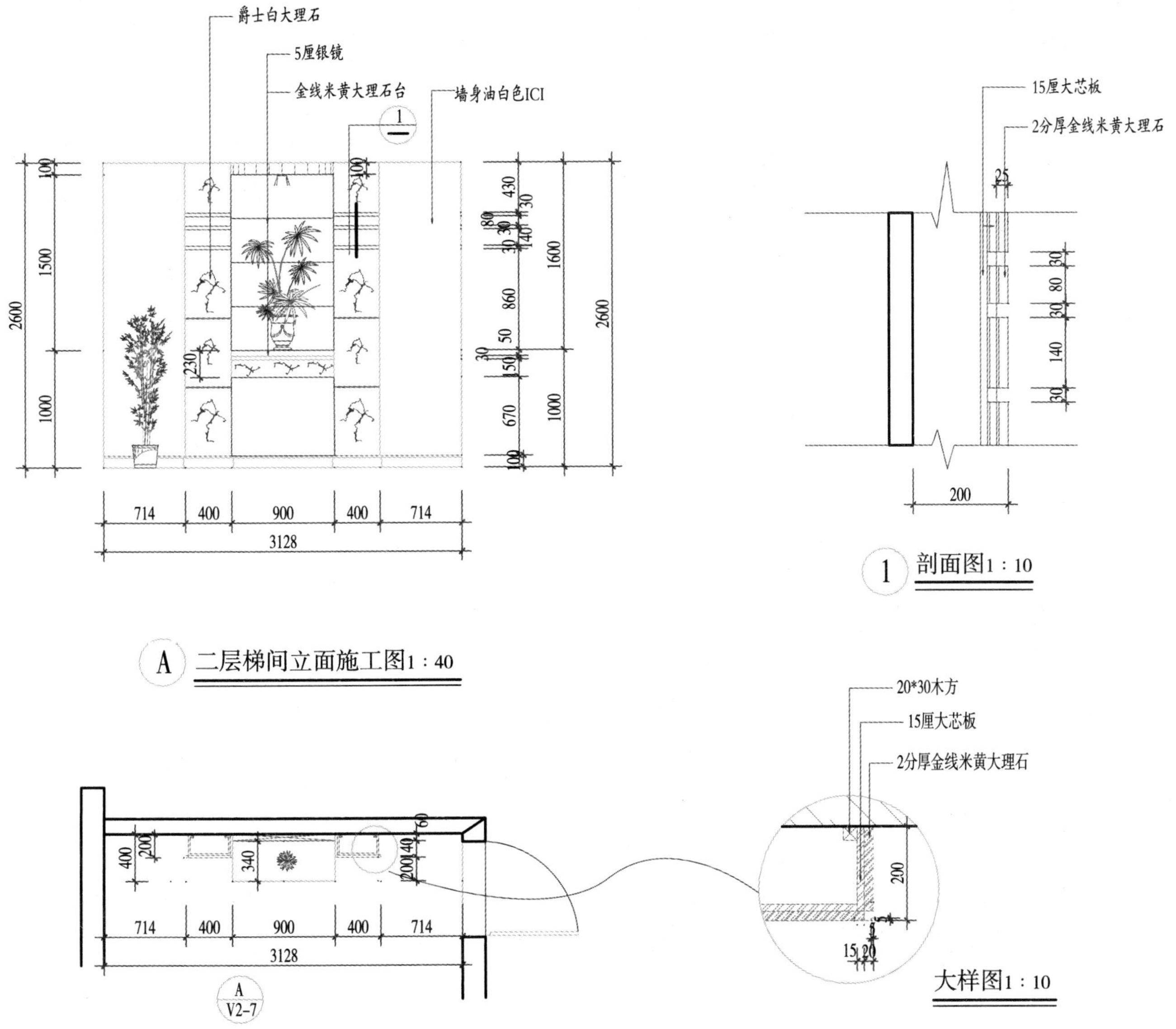
爵士白大理石
5厘银镜
金线米黄大理石台
墙身油白色ICI
2600
1500
1000
100
714
400
900
400
714
3128
430
30
80
30
140
30
860
50
30
150
670
230
1600
2600
1000
A 二层梯间立面施工图1：40
15厘大芯板
2分厚金线米黄大理石
25
80
140
200
1 剖面图1：10
20*30木方
15厘大芯板
2分厚金线米黄大理石
400
200
340
40
60
200
15
20
5
大样图1：10
A
V2-7

图 6－7　节点详图

7 模块七　一点透视和两点透视

● **理论教学**

室内透视图是以透视原理和美术绘画为基础，将三度空间的形体，转换成具有立体感的二度空间画面的绘图技法，它能比较真实地再现设计师预想的方案。

任务一　一点透视原理

1. 室内一点透视图的优缺点

优点：表现范围广，纵深感强，适合表现庄重、严肃的室内空间。

缺点：比较呆板，与真实效果有一定距离。

2. 室内一点透视作图方法

基本空间位置，如图 7－1 所示。

图 7－1（1）所示是视点在物体的中心位置，是一点透视图的基本构图。有五个面，室内透视图常用图。

图 7－1（2）（3）（9）所示是视点在物体下方，在室内中要描画比眼睛更高位置的物体时所使用的透视。

图 7－1（4）（8）所示是视点位置在眼睛的高度时所使用的透视图。

图 7－1（5）（6）（7）所示是视点在物体上方，在室内中表现比眼睛低的物体所使用的透视。

① 按实际比例尺确定高和宽，CABD 可以假设为室内的墙，AB＝5 米，AC＝3 米，如图 7－2、图 7－3 所示。

房屋：高 3 米，宽 5 米，进深 4 米。

② 定 HL 视平线，高度可根据感觉任意定。

③ 定 VP 点，透视图的灭点，可任意定。

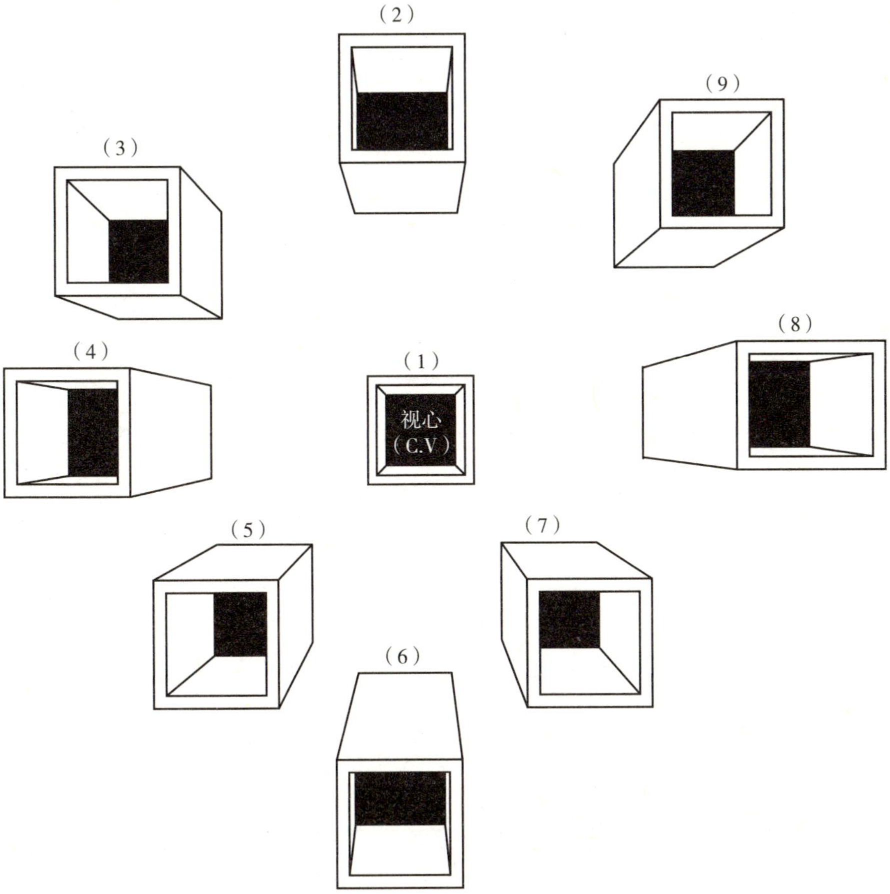

图 7－1　基本空间位置

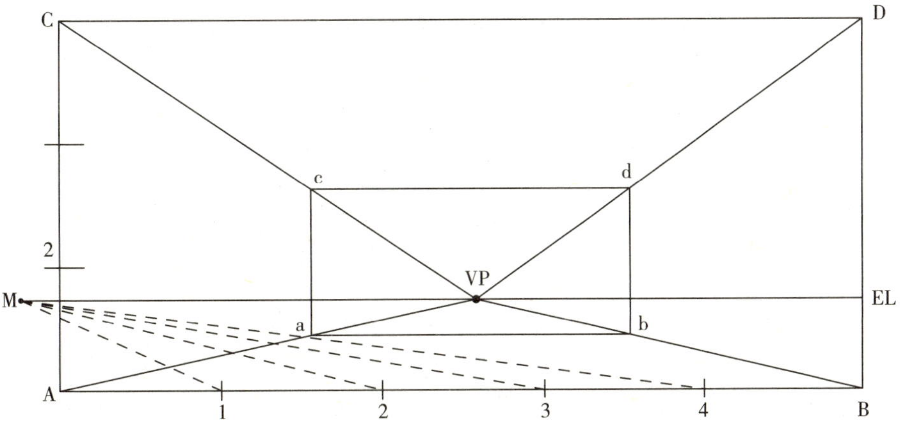

图 7－2　一点透视作图（1）

④ 将 A、B、C、D 四点用辅助线延长相交于 VP 点；

⑤ 定 M 点，从 M 点分别与 AB 上的 1、2、3、4 点相连，可与 AVP 线相交得到 1′2′3′4′即空间的进深。

⑥ 画内墙：过 4′向上引垂线与 cvp 交与 c 点，再作平行线等，可得到内墙 abdc，如图 7－4 所示。

M 点决定了前墙距后墙的距离，M 点距真高线越近前墙距后墙越远，M 点距真高线越远前墙距后墙越近。

⑦ 地板线：作 Aa 线段上的各点的水平线分别与 Bb 线相交，分别将 1、2、3、4 与 VP 点相连。可得到地面的地板线，如图 7－5 所示。

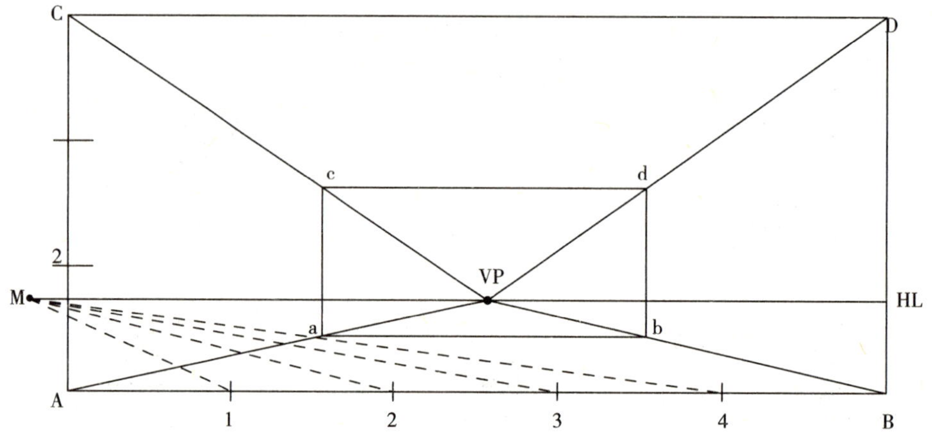

图 7-3　一点透视作图（2）

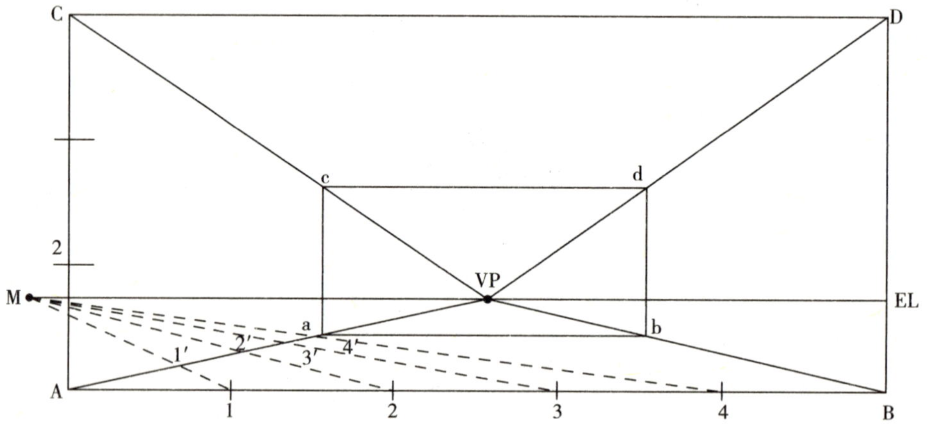

图 7-4　一点透视作图（3）

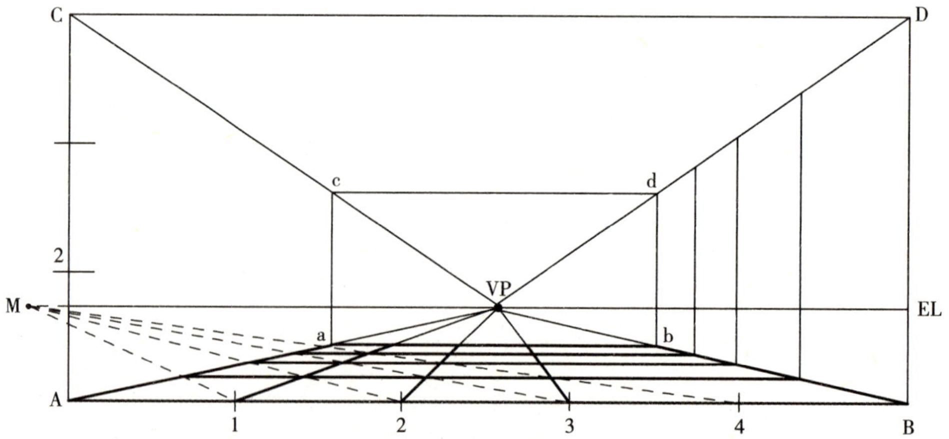

图 7-5　一点透视作图（4）

⑧ 画墙面线与天花板线：

过 Bb 线上的点向上作垂线与 Dd 相交，依次画直线围合到 Cc 与 Aa 线上，如图 7－6 所示。

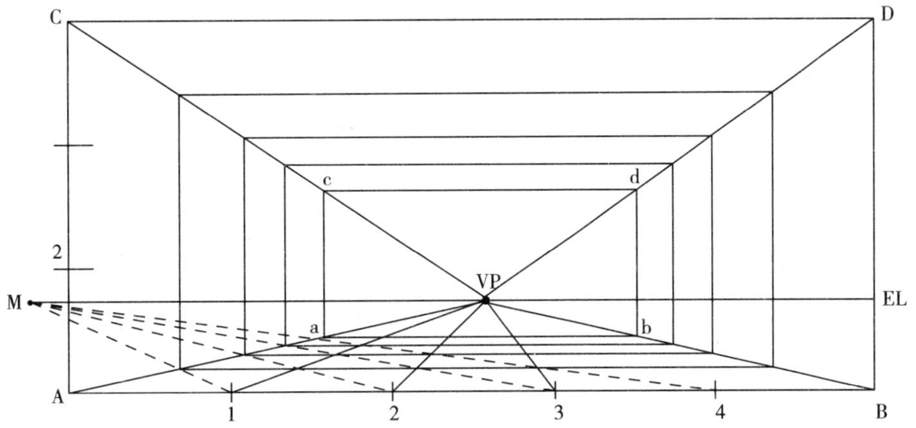

图 7－6　一点透视作图（5）

⑨ 左右墙面与顶面分别按长度和高度的尺度连接于 VP 灭点，这样一个准确的三维空间已经完全表现出来了，如图 7－7 所示。

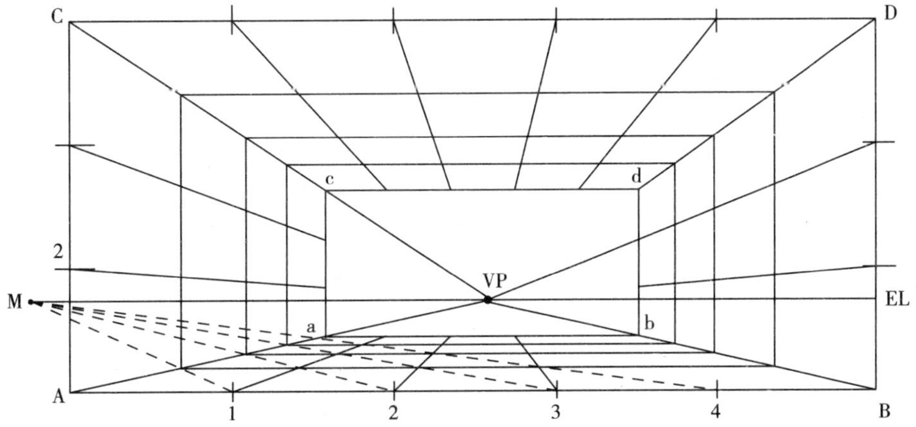

图 7－7　一点透视作图（6）

任务二　两点透视原理

1. 室内两点透视的优缺点

优点：画面效果比较自由、活泼，反映空间比较接近人的真实感受。

缺点：角度选择不好，易产生变形。

2. 室内两点透视作图方法

① 视线法

第一步：画一个立方体的平面图交视平线 H. L 于 C 点，从 C 点向下作垂线并任取一个视点 E_0，从 E_0 任意作两条斜线交 H. L 于 V. P_1、V. P_2，然后从 E_0 引线连接 A、B 点，交 H. L 于 D、E。在视点 E_0 与视平线 H. L 之间定出基线 G. L，把立面图放置在 G. L 上，如图 7－8 所示。

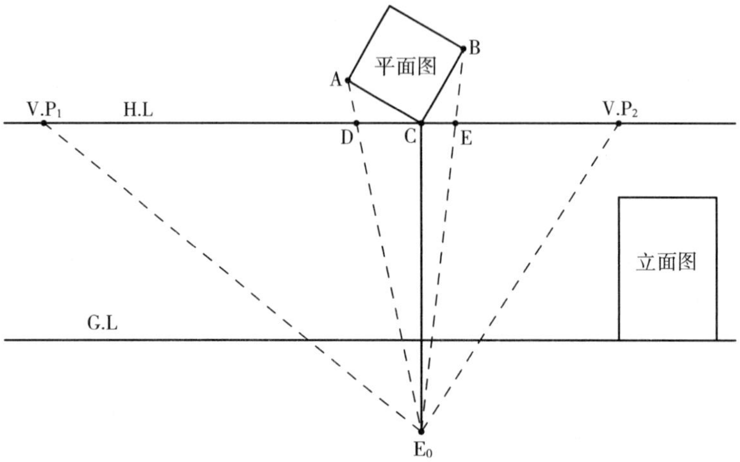

图 7－8　视线法步骤一

第二步：从立面图引真高线交 C－E_0 线与 F 点，同时从 D、E 点向下作垂线与 F－V. P_1 和 F－V. P_2 相交，连接这些交点并做透视线即求出该立方体的两点透视，如图 7－9 所示。

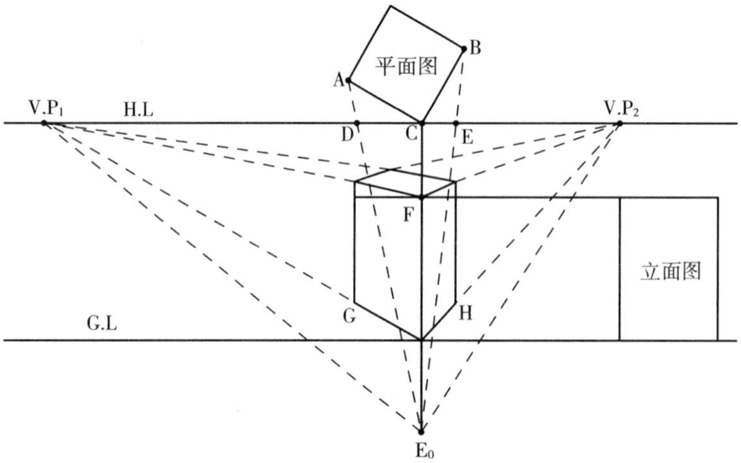

图 7－9　视线法步骤二

② 量点作图法

建筑物长 3 米、宽 2 米、高 2 米，以此为例作建筑两点透视图。

第一步：如图 7－10 所示，选择建筑平面中的一个直角，与画面（P. P）相交于 O′。以 O′为圆心旋转所要表现的建筑主立面，并确定视点 E_0，得到理想的透视角度。

在透视作图面上确定视高，得到 G. L 和 H. L。通过视点作平行于建筑边缘的两条线，交 P. P 于 V. P_1' 和 V. P_2'，分别从这两个点向下引垂线交 H. L 于 V. P_1 和 V. P_2. 从 O′作垂线交 G. L 于 O 点，连接 O 与 V. P_1 和 V. P_2。

第二步：如图 7－11 所示，以 O′为圆心，O′A 和 O′B 为半径画圆，在 P. P 线上交得 A_0 和 B_0，同样，分别以 V. P_1' 和 V. P_2' 为圆心，以各点到 E_0 的距离为半径画圆，在 P. P 线上就求得了量点 M_1' 和 M_2'。

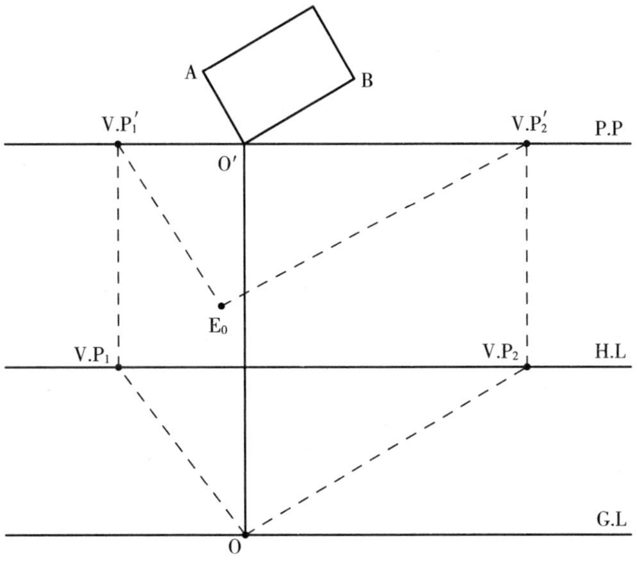

图 7-10　量点作图法步骤一

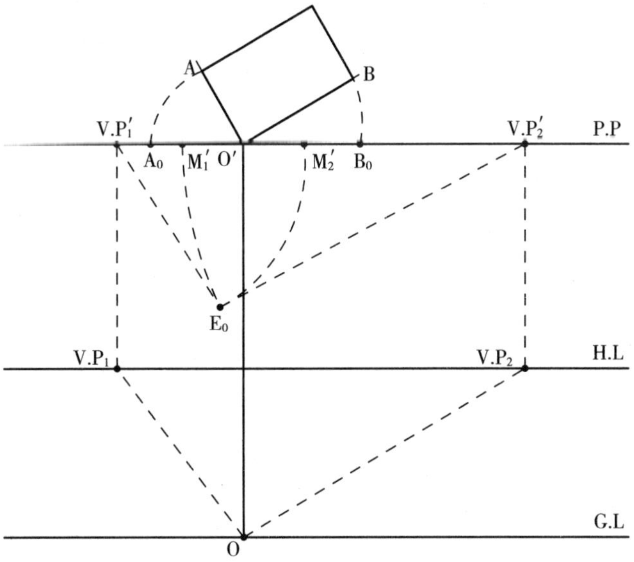

图 7-11　量点作图法步骤二

第三步：如图 7-12 所示，从 A_0' 和 B_0' 作垂线，在 G. L 上交得 A_0 和 B_0，同样在 H. L 上求得 M_1 和 M_2。连接 A_0 和 M_2，与 O－V. P_1 交于 a 点，同理求得 b 点。画出建筑立面图并置于 G. L 上，从立面图引真高线交 O－O′于 C 点，OC 即为该建筑透视图中的真高线。从 C 向 V. P_1 和 V. P_2 连线（透视线），分别与 a、b 点的垂线相交，连接这些交点就作出了建筑的俯视角度透视图。

第四步：求出建筑的仰视透视图。

如图 7-13 所示，拉高基线，调整与视平线的高差，画出 G. L′线，在 G. L′线上搁置立面图，从立面图引真高线并与灭点 V. P_1 和 V. P_2 连接，得到建筑的透视线，这些透视线与 a、b 点引出的垂线相交，并连接这些交点就得出了该建筑的仰视透视图。

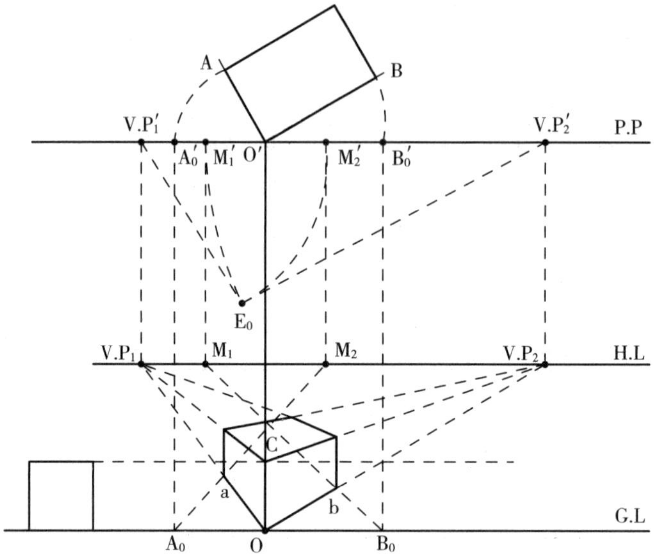

图 7-12　量点作图法步骤三

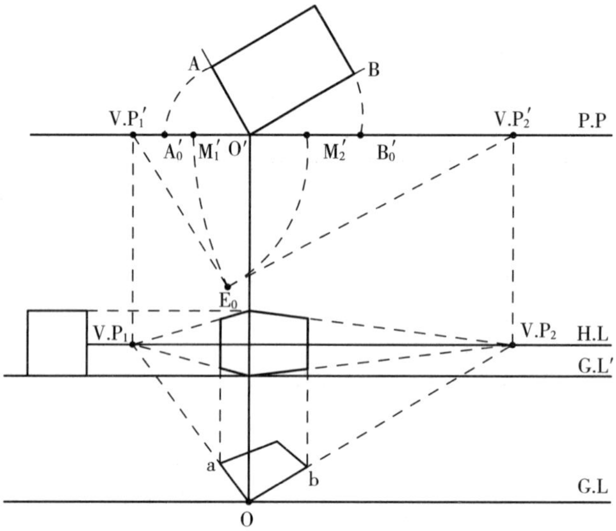

图 7-13　量点作图法步骤四

★ 实践项目

练习一　绘制室内一点透视图。

练习二　绘制室内两点透视图。

8 模块八　实训：抄绘和识读建筑施工图

实训任务书

一、实训目的

通过本次实训让学生进一步理解《房屋建筑制图统一标准》相关内容，明确建筑平面图、建筑立面图、建筑剖面图的形成、图示内容与识图方法和步骤，掌握建筑施工图的绘制方法与步骤，并能简单应用国家制图标准和相关规范，能正确识读建筑平面图、建筑立面图、建筑剖面图。

二、实训项目与进度

表 8－1　实训项目与进度表

实训项目	实训任务	课时
抄绘和识读建筑施工图	任务 1：抄绘和识读建筑平面图	6
	任务 2：抄绘和识读建筑立面图	7
	任务 3：抄绘和识读建筑剖面图	3
合　计		16

三、实训步骤

1. 口头识读别墅各层平面图，抄绘别墅地下室平面图、底层平面图、二层平面图、屋顶平面图。
2. 口头识读别墅立面图，抄绘别墅立面图。

3. 口头识读别墅剖面图，抄绘别墅剖面图。

四、课程实训的内容

表 8－2　课程实训内容

实训项目	实训任务	实训内容
抄绘和识读建筑施工图	任务 1：抄绘和识读建筑平面图	识读和抄绘别墅地下室平面（图 8－1）、底层平面（图 8－2）、二层平面（图 8－3）、屋顶平面（图 8－4）；
	任务 2：抄绘和识读建筑立面图	识读和抄绘别墅立面图（图8－5、图 8－6）
	任务 3：抄绘和识读建筑剖面图	识读和抄绘别墅剖面图（图 8－9）

五、实训要求

1. 识读别墅建筑平面图、建筑立面图、建筑剖面图，按 1∶100 比例抄绘别墅地下室平面、底层平面图、二层平面图、屋顶平面图、立面图、剖面图。

2. 完成 A3 图纸七张，内容包括别墅地下室平面、底层平面、二层平面、屋顶平面、立面图和剖面图。

3. 完成抄绘和识读建筑施工图实训报告的填写。

六、参考资料

《建筑工程设计施工详细图集》

《05ZJ 中南建筑图集》

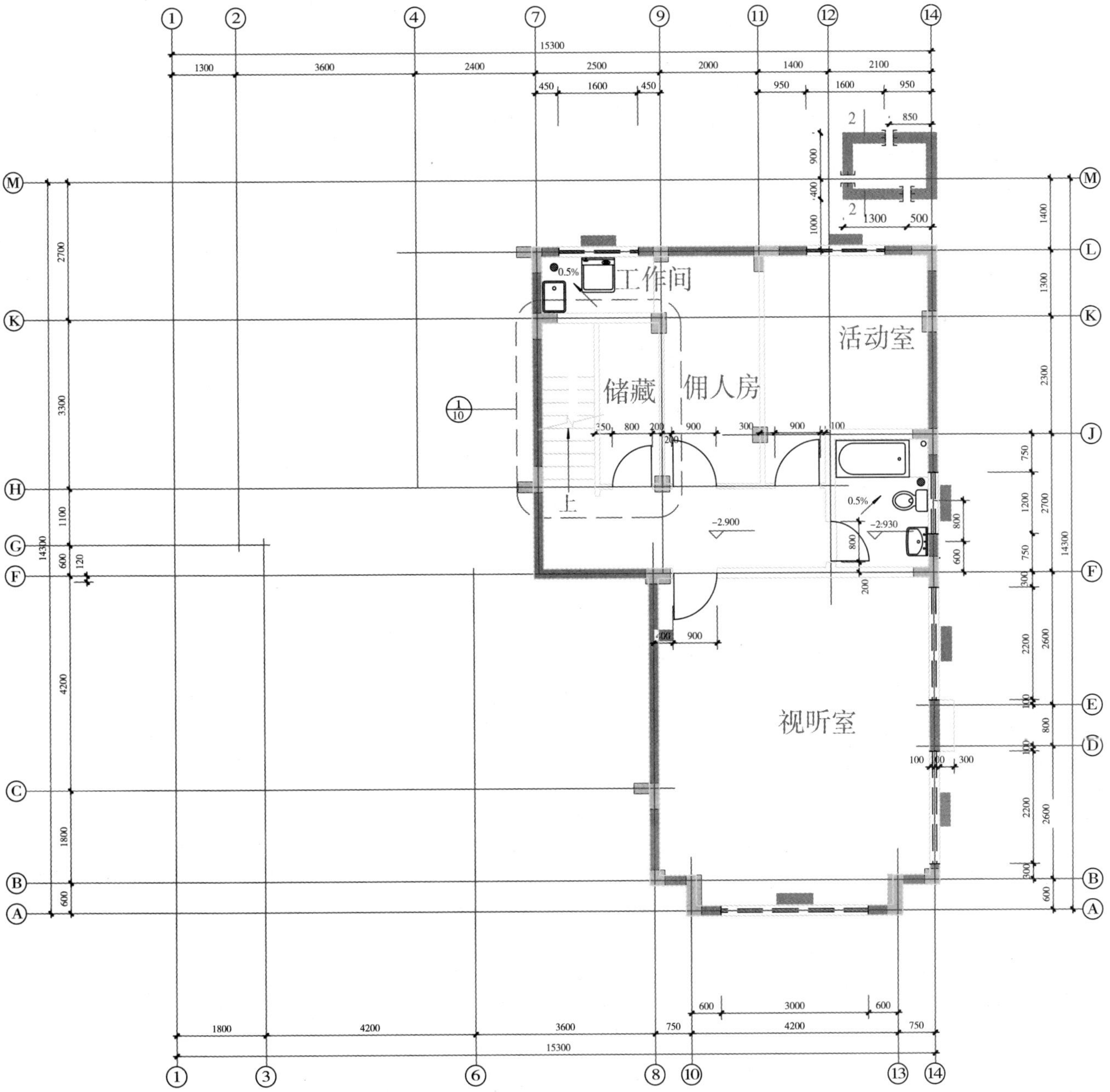

地下室平面 1：60

图例：200厚砼空心砌块
100厚砼空心砌块

注：本工程柱子大小定位详结施，未注明卫生间，厨房标高低于相应楼地面30

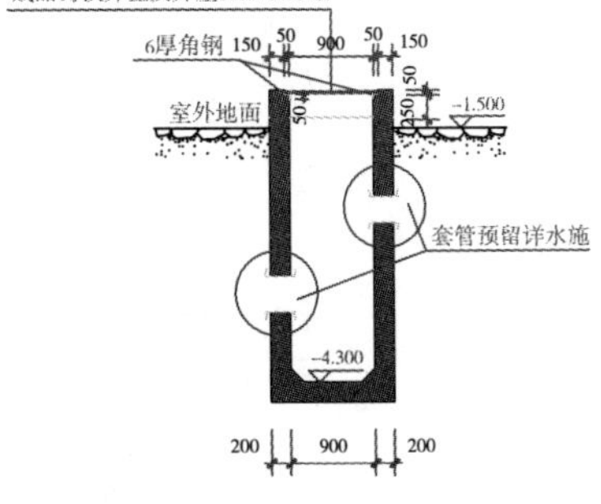

2-2剖面 1：60

图 8-1　地下室平面图

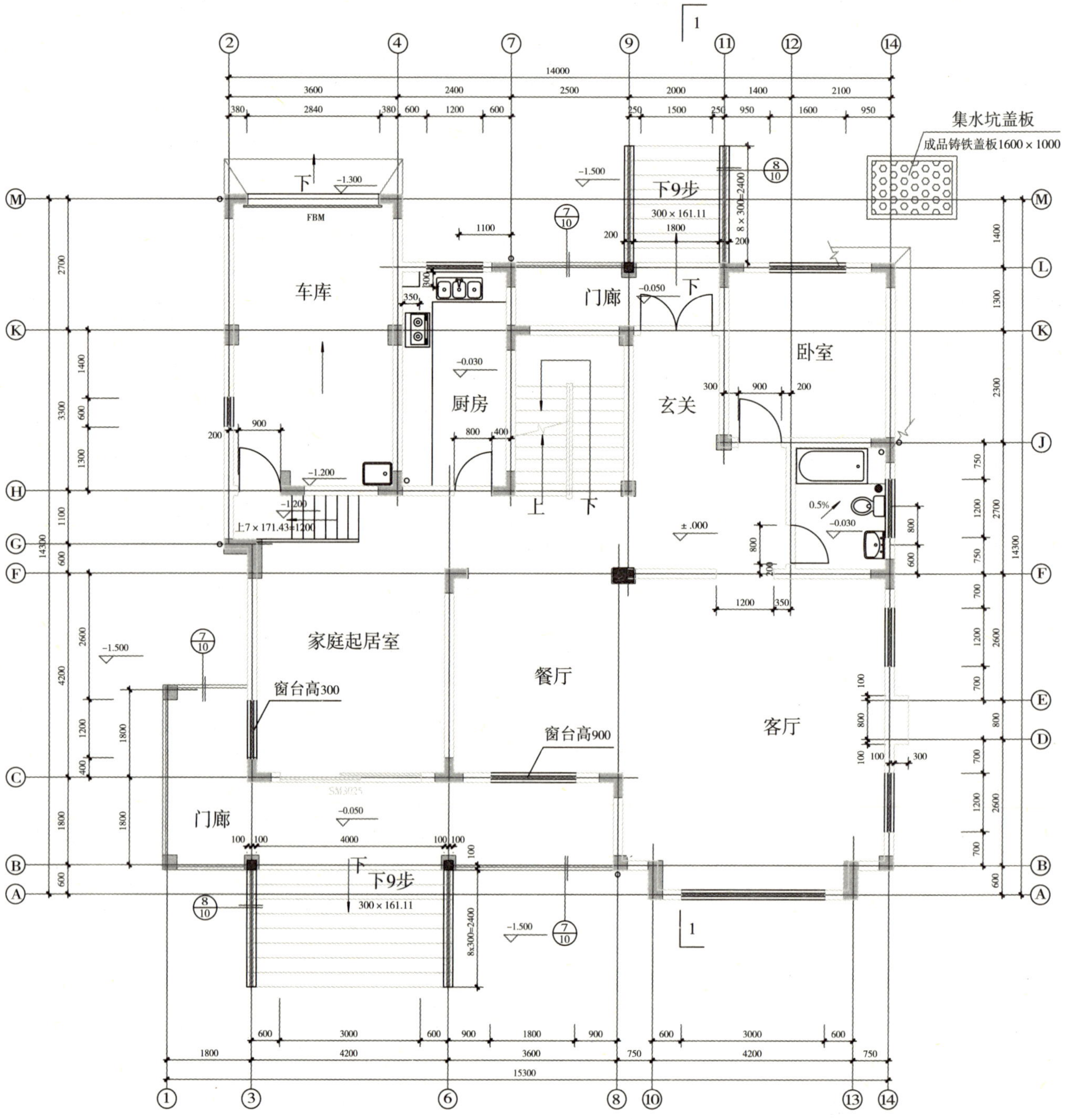

底层平面 1：60

图例： 200厚砼空心砌块

100厚砼空心砌块

注：本工程柱子大小定位详结施，
未注明卫生间，厨房标高
低于相应楼地面30

图 8-2 底层平面图

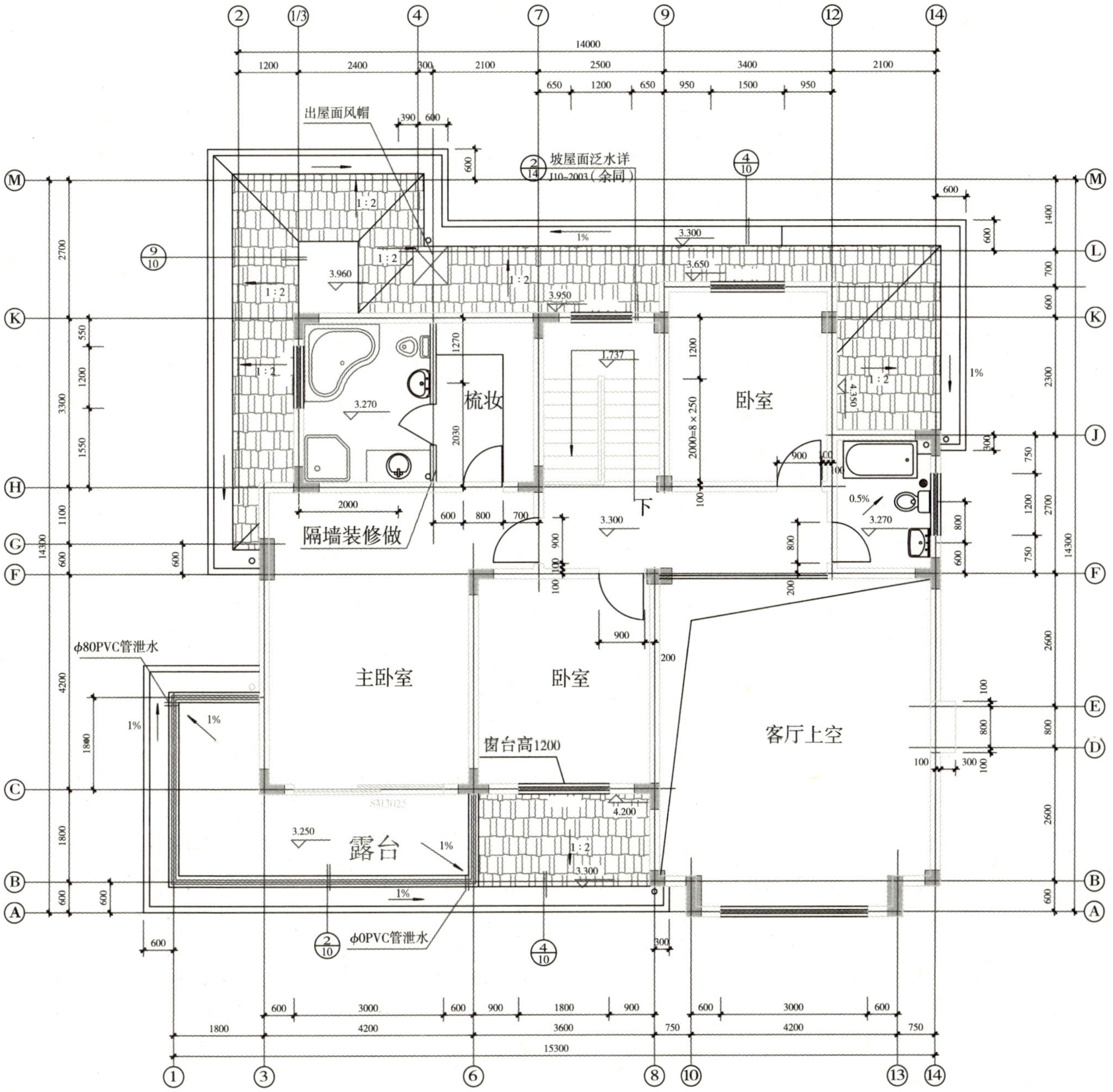

二层平面 1：60

图例：
200厚砼空心砌块
100厚砼空心砌块

注：本工程柱子大小定位详结施，
未注明卫生间，厨房标高
低于相应楼地面30

图 8－3　二层平面图

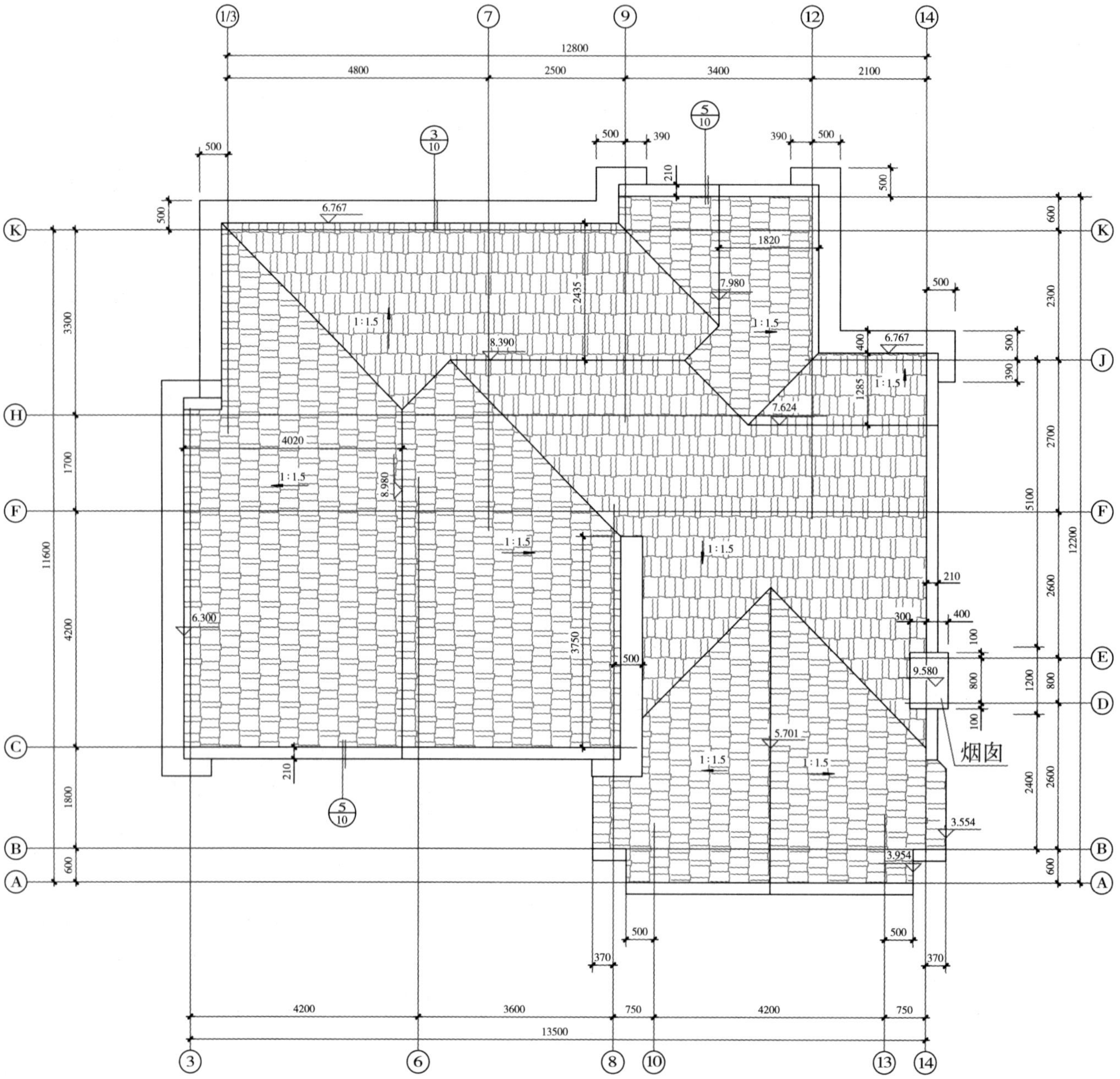

屋顶平面 1:60

图 8-4 屋顶平面图

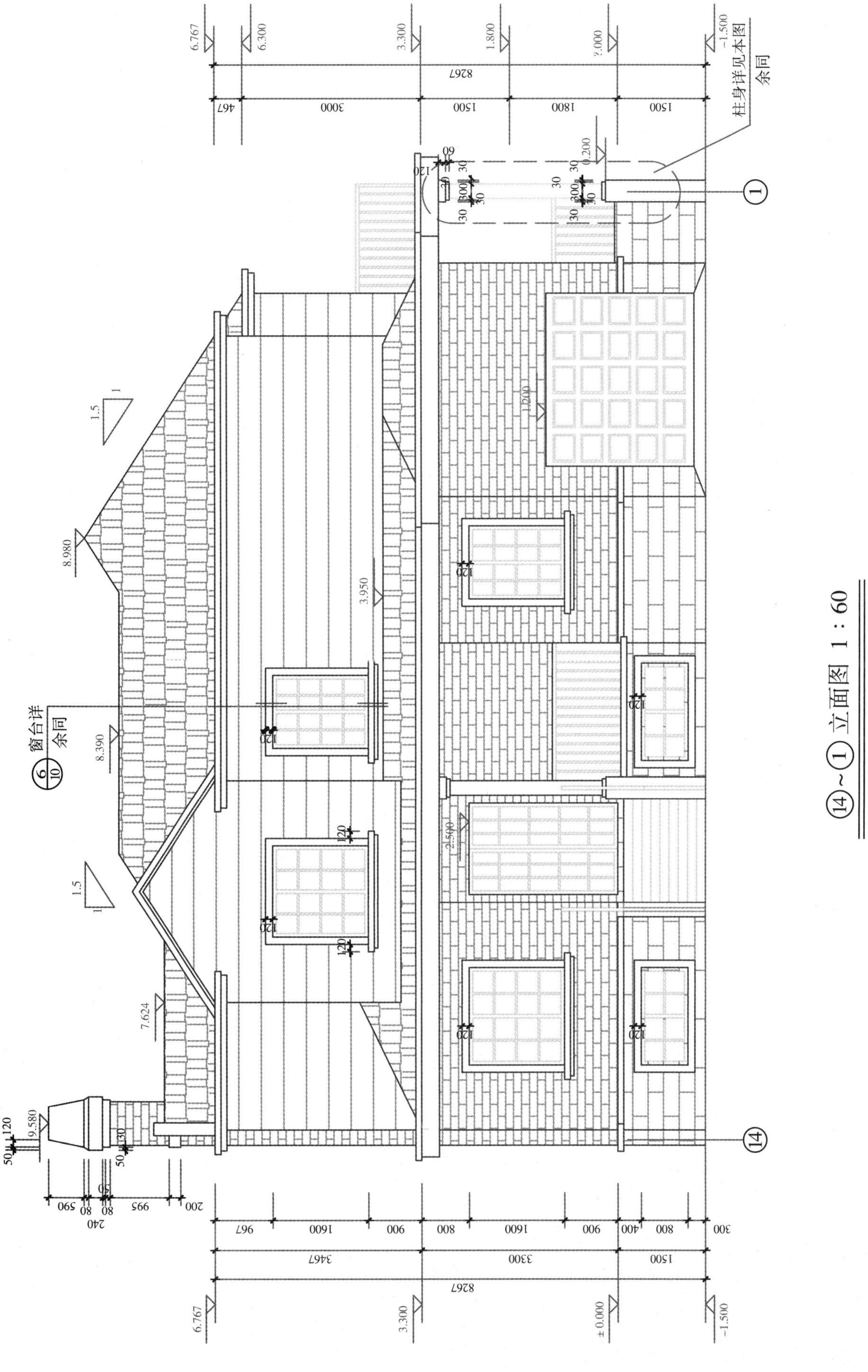

图8-5　立面图

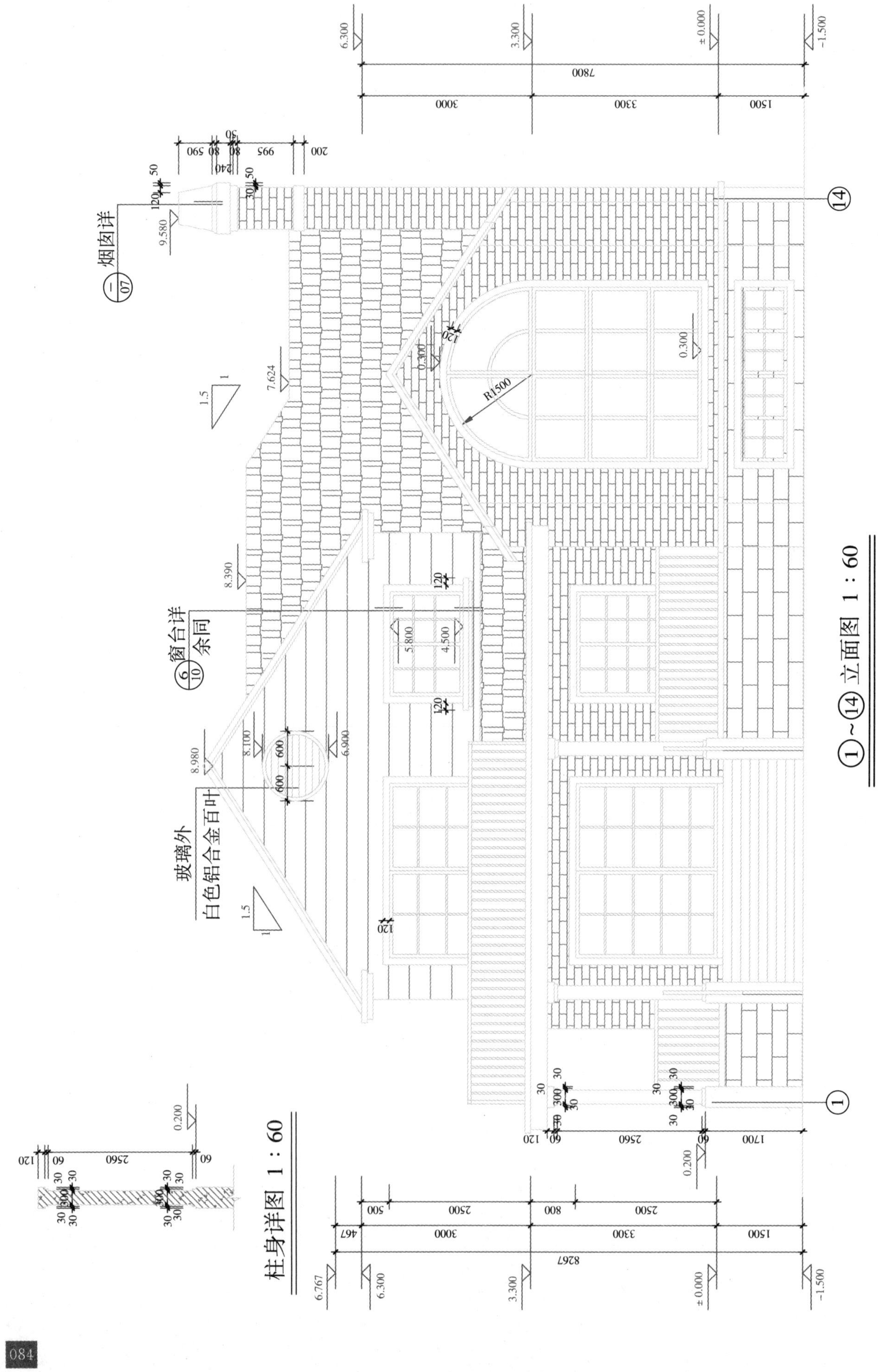
①~⑭立面图 1:60
柱身详图 1:60
烟囱详 —/07
窗台详 6/10 余同
玻璃外
白色铝合金百叶
R1500
9.580
8.980
8.390
8.100
7.624
6.900
6.767
6.300
5.800
4.500
3.300
±0.000
-1.500
0.300
0.200
7800
8267
3000
3300
1500
2500
800
500
467
2560
1700
995
590
240
200
120
60
50
30
300
600
1.5
1
①
⑭

图8-6 立面图

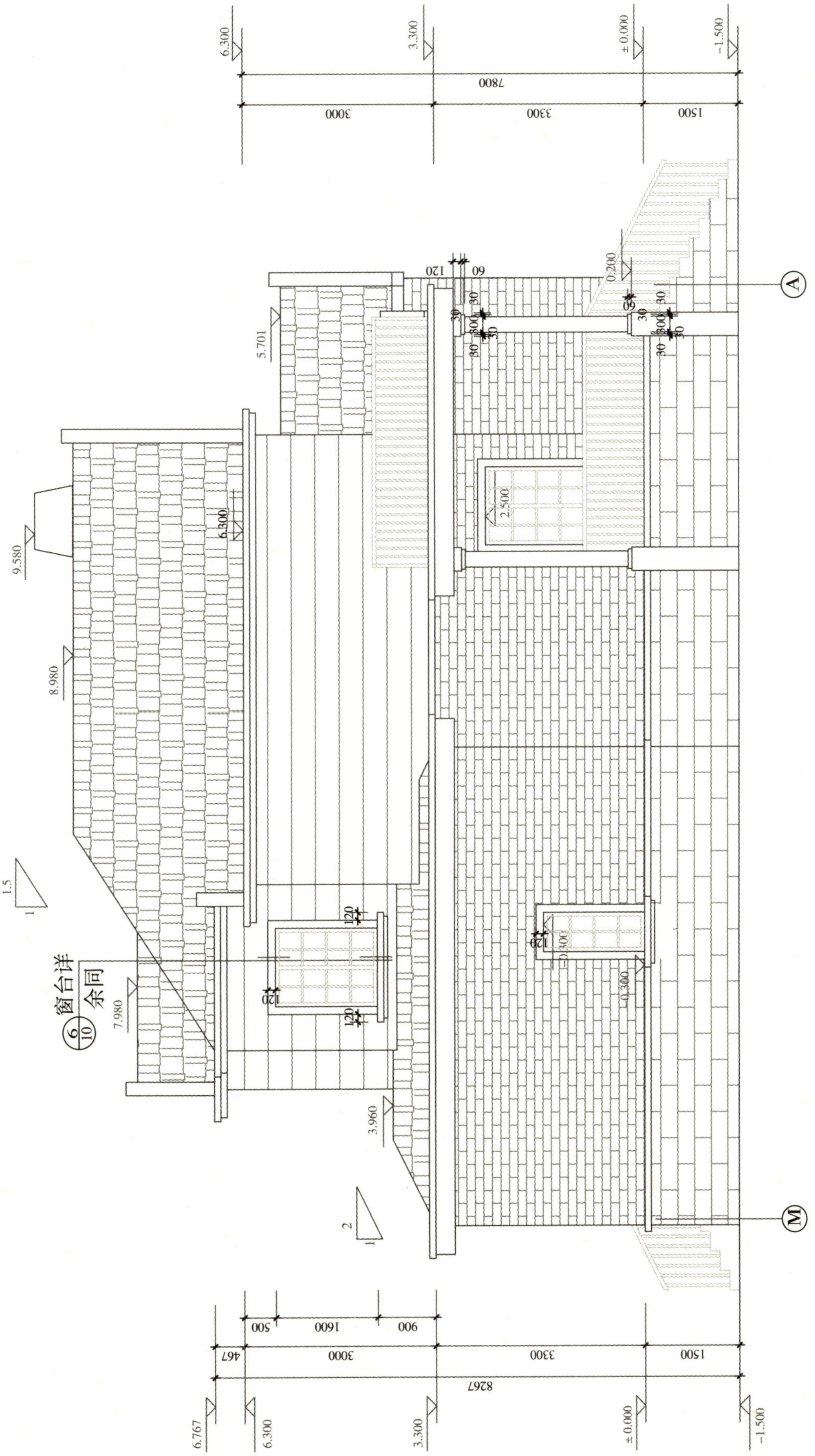

Ⓜ~Ⓐ立面图　1：60

图8-7　立面图

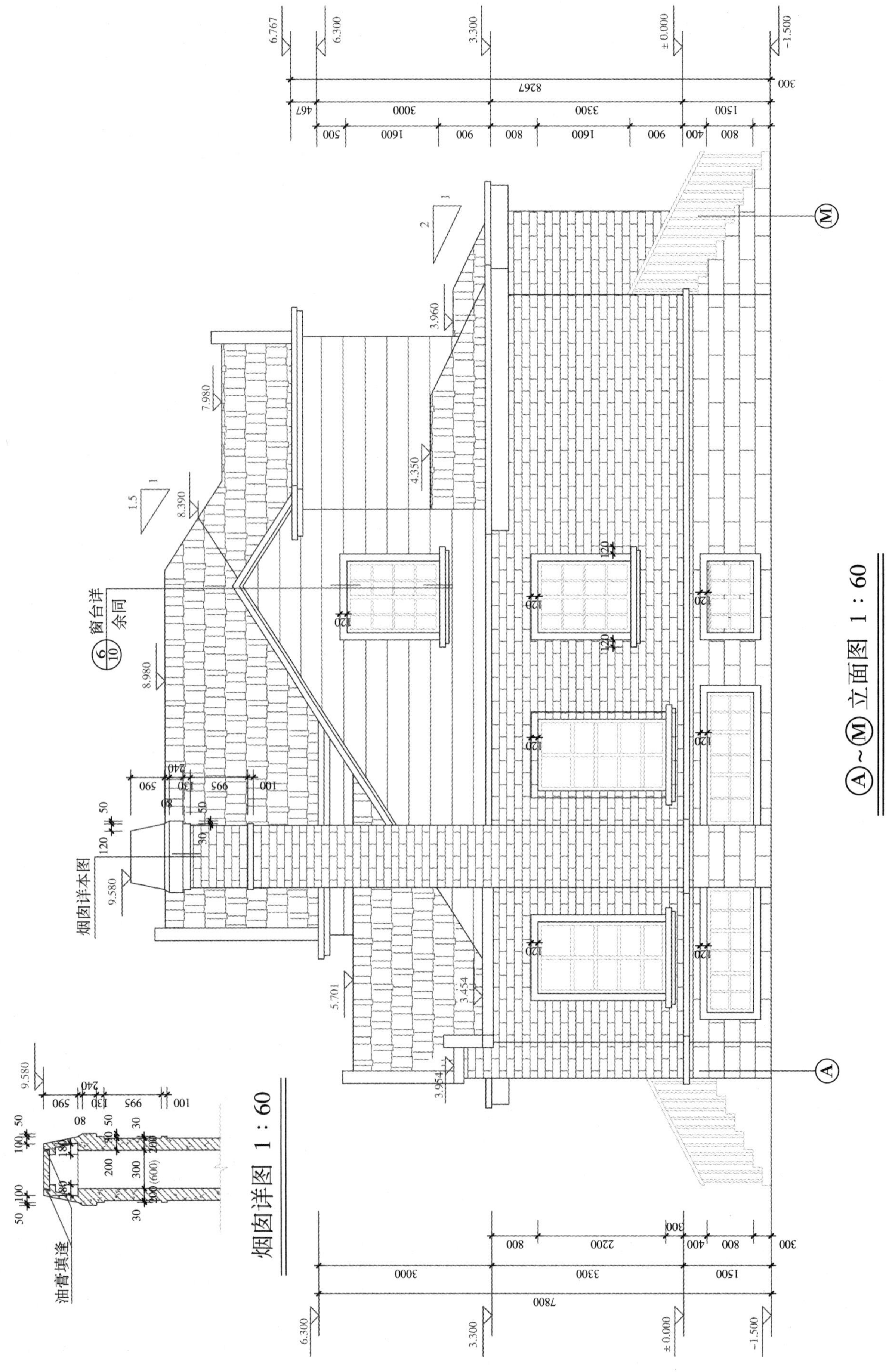

图8-8 立面图

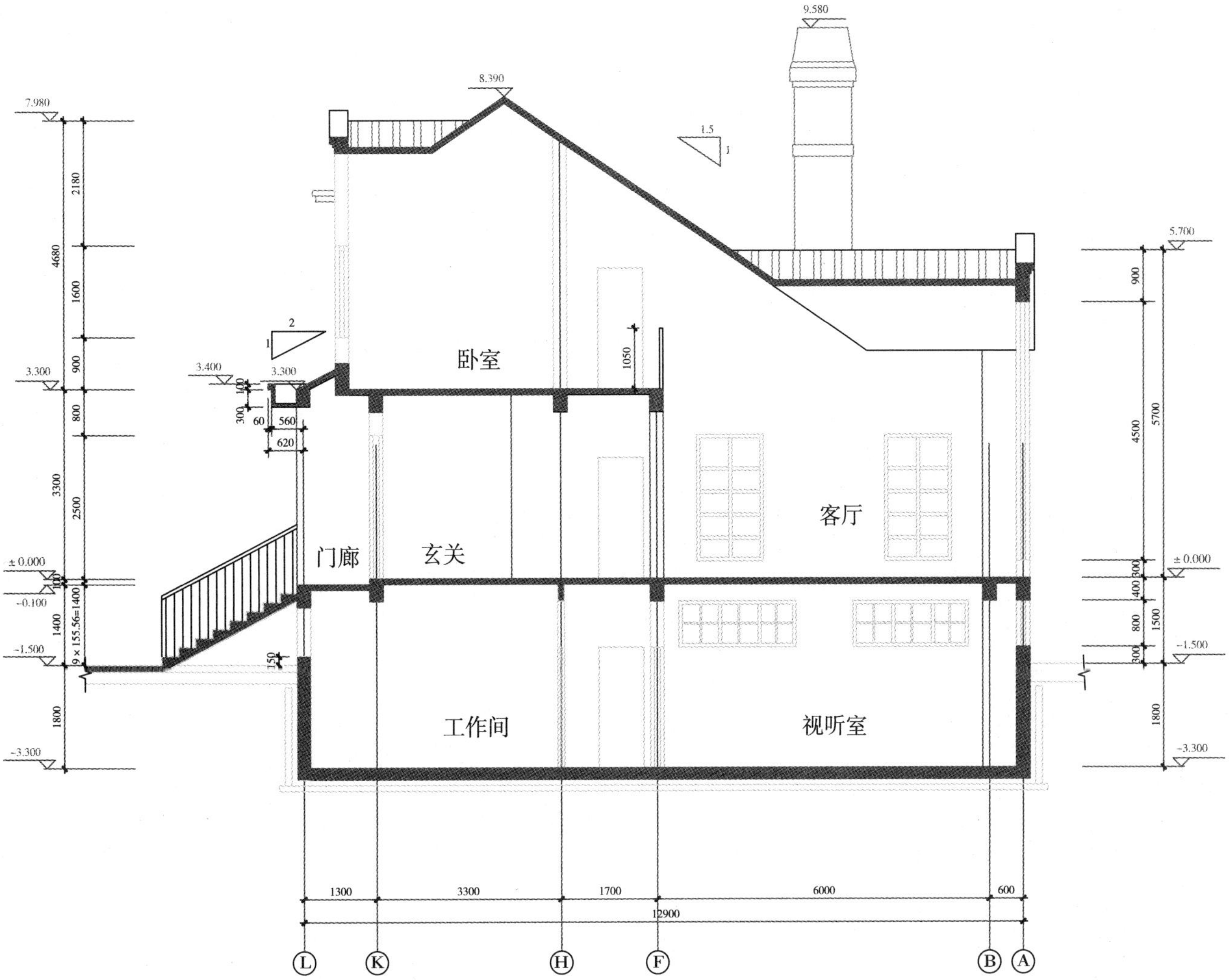

1-1剖面图 1：60

图 8－9　剖面图

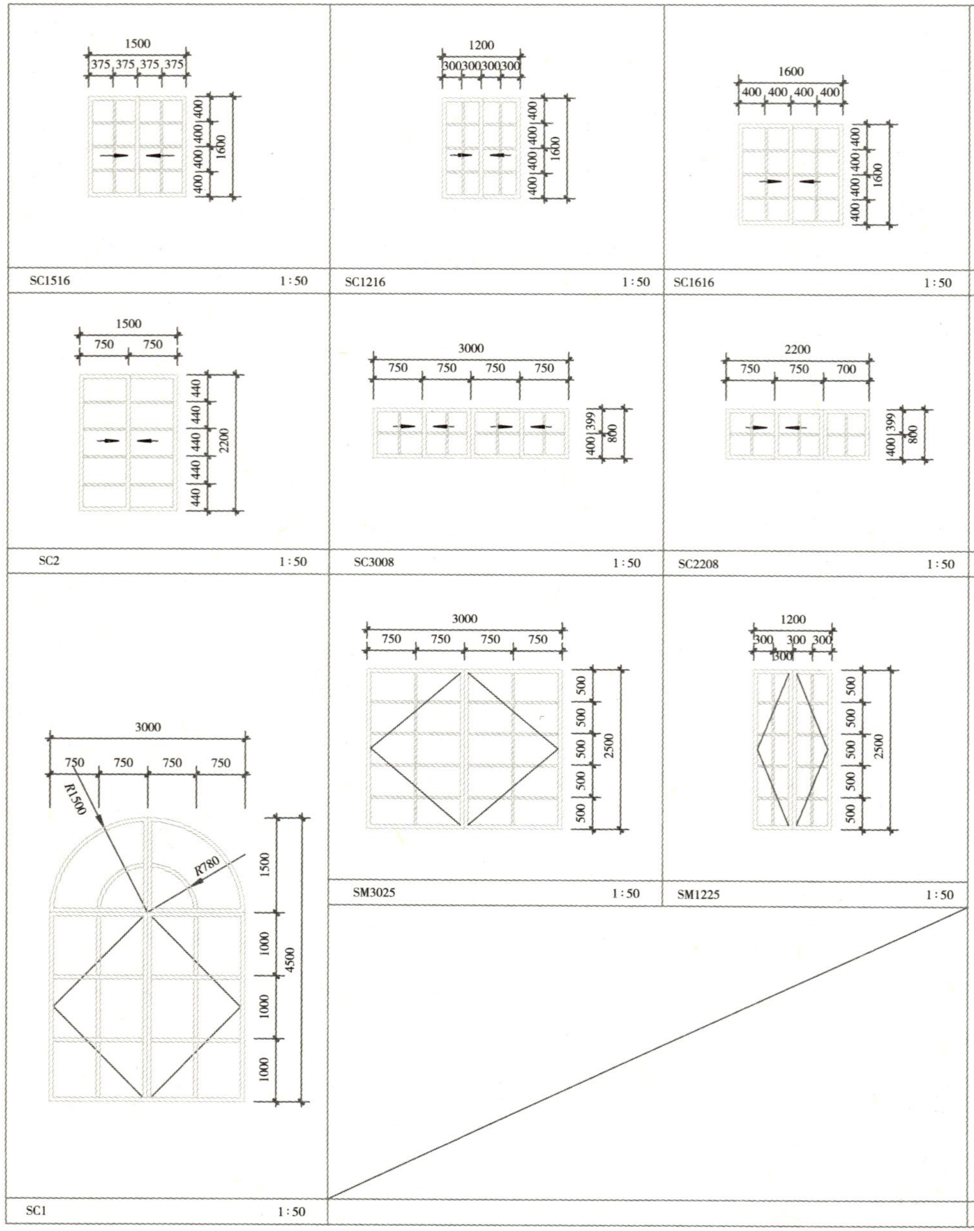

门窗表

门窗名称	洞口尺寸（L×h）	门窗数量	备 注
SC1516	1500×1600	1	88系列白色塑钢窗
SC1216	1200×1600	3	88系列白色塑钢窗
SC1616	1600×1600	1	88系列白色塑钢窗
SC1608	1600×800	2	88系列白色塑钢窗
SC1812	1800×1200	1	88系列白色塑钢窗
SC1816	1800×1600	1	88系列白色塑钢窗
SC2	1500×2200	1	88系列白色塑钢窗
SC3008	3000×800	1	88系列白色塑钢窗
SC2208	2200×800	2	88系列白色塑钢窗
SC1208	1200×800	1	88系列白色塑钢窗
SC0616	600×1600	1	88系列白色塑钢窗
SM1525	1500×2500	1	88系列白色塑钢门
SC1		1	88系列白色塑钢窗
SM3025	3000×2500	2	88系列白色塑钢门
SM1225	1200×2500	1	88系列白色塑钢门
M1		1	成品电动翻板门
M0821	800×2100	7	装修做
M0921	900×2100	8	装修做

说明:
所有外墙玻璃门窗均采用双层中空白色浮法玻璃
（6.38+6+6.38）

图8-10　门窗表及门窗详图

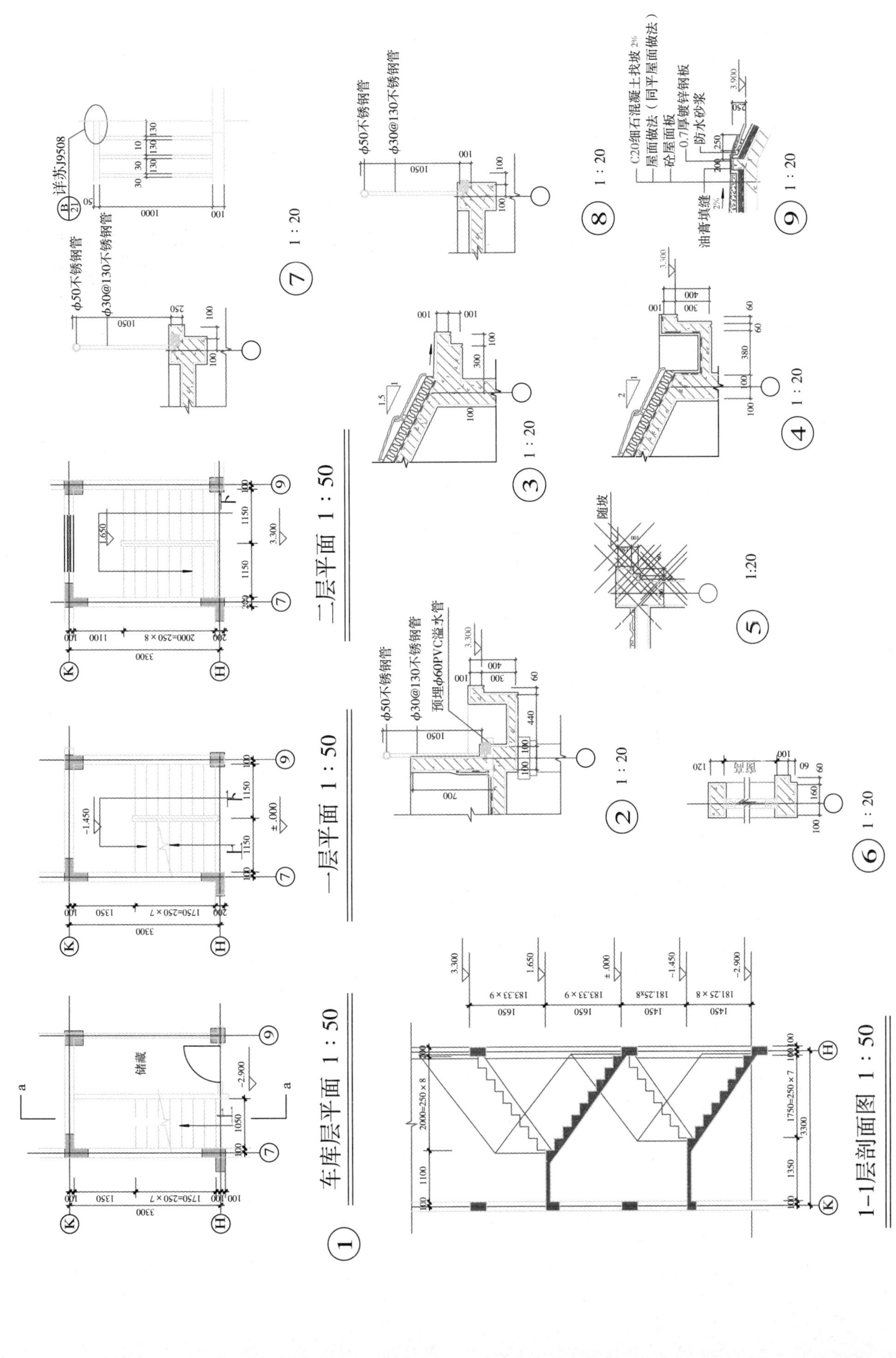
车库层平面 1：50
储藏
-2.900
3300
1350
1750=250×7
1050
一层平面 1：50
-1.450
±.000
1150
二层平面 1：50
1.650
3.300
2000=250×8
1100
1-1层剖面图 1：50
183.33×9
181.25×8
1650
1450
1350
ϕ50不锈钢管
ϕ30@130不锈钢管
预埋ϕ60PVC溢水管
1050
1000
详苏J9508
1：20
随坡
C20细石混凝土找坡 2%
屋面做法（同平屋面做法）
砼屋面板
0.7厚镀锌钢板
防水砂浆
油膏填缝
3.900
窗台

图8-11　节点详图

参考文献

[1] 胡海燕．建筑室内设计——思维、设计与制图［M］．北京：化学工业出版社，2014.

[2] 王强．建筑工程制图与识图［M］．北京：机械工业出版社，2017.

[3] 高远．建筑装饰制图与识图［M］．北京：机械工业出版社，2016.

[4] 曹雪梅．建筑制图与识图［M］．北京：北京大学出版社，2015.

[5] 虞朋，虞献南．建筑设计规范常用条文速查手册（第四版）［M］．北京：中国建筑工业出版社，2017.